JN080864

「数学的センス」を磨く

フェルミ推定

永野裕之
NAGANO HIROYUKI

はじめに

　仕事や日常生活で問題に直面したとき、あなたはどのように解決しているでしょうか？

　何かを選択したり、判断したりするとき、どのようなプロセスで決めているでしょうか？

　インターネットで検索して調べる、という人がほとんどかもしれません。でもネット上の情報は人によって言うことが違うことも多いですし、デマやフェイクもあります。

　「チャットGPT」をはじめとした人工知能（AI）の技術は加速度的に進化しているのだ、自分で考えなくてもほとんどのことは解決できるようになるだろう……と思っている人も少なくないでしょう。

　しかし、AIに頼りすぎることにはリスクもあります。AIは、学習データに誤りや偏りがあれば、間違った結果を出力するからです。

　むしろ、「チャットGPT」などの自然言語処理モデ

ルの登場によって、正しい情報と間違った情報の間の
線引きがますます難しくなったと、私は感じています。

　AI技術が台頭してきた現代こそ、私たち人間は自分の頭で考えて、次々に起きる新しい問題に臨機応変に対処していかなければならないのです。「正解」はわからなくてもある程度「ハズさない」答えを出して未知の問題を解決できる思考力が、これからはますます重要になります。

　ではどうすれば、その思考力が身につくでしょうか？

　ひとつ確実に言えるのは、「数学的センス」があれば自分で答えを導き出せるようになるということです。実際、社会における数学的センスの必要性は格段に高まっています。

　私が塾長を務める永野数学塾でも、多くの社会人が数学の学び直しをされていて、最近は問い合わせも多くなりました。

　ビジネスで必要に迫られて数学を学び直したい人。
　就職試験、資格試験対策のために数学を学びたい人。

マーケティングや投資など、身近な数字の意味を理解したい人。

入塾される方の目的はさまざまですが、数学を学ぶ最大の目標が「論理的思考を身につけ未知の問題解決能力を磨くこと」という点はみなさん同じです。

ですから、私の授業ではやり方がわかり切った問題演習を繰り返すことはしていません。問題の解き方を暗記させることもしていません。

大事なのは、数学的センスの正体を知り、自分で使えるようになることです。

そこで本書では、数学的センスとはどういうもので、どうすれば身につくのか、この1冊を読めばわかるように解説していきます。数学が苦手な人でも、数学で挫折した経験がある人でも、中学や高校の数学の授業とはまったく別物の内容ですから安心してください。

まず、数学的センスが求められる理由とその正体をPART Ⅰ と PART Ⅱ で詳しく説明します。

その後PART Ⅲ では、数学的センスを磨く強力な

ツールである「フェルミ推定」について、その手順と推定方法を解説します。

「フェルミ推定」とは、一見すると予想もつかない数量を、論理的思考によって大まかに概算することを言います。最近は企業の入社試験で出されることも多いのでご存じの方もいるでしょう。

私は、「数に強くなる」をテーマに講演会で話をするとき、必ず「フェルミ推定」を取り上げます。なぜなら、聴衆の皆さんの関心がとりわけ高く、数字の魅力が伝わりやすいからです。

たとえば、「日本の1世帯あたりのワインの年間購入量は？」といった例題の答えを、その場で概算して見せると驚かれる方も多く「私もできるようになりたいです！ フェルミ推定の本は書かれないんですか？」と言われたことも一度ではありません。

本書では、誰でも「フェルミ推定」ができるようになるトレーニング用の例題を PART Ⅳ に多数収録しました。一つ一つの問題は、答えもとても興味深いので、読み終えた後にはきっと誰かに話したくなると思います。ぜひ楽しんでください。

　フェルミ推定には関数も方程式も統計も必要ありません。使うのは簡単な四則演算(足し算、引き算、掛け算、割り算)だけです。

　フェルミ推定を通して、数学的センスが身につけば、情報を取捨選択できるようになるだけでなく、自分自身の考え方も客観的に捉えられるようになります。数学的センスは、いわゆるメタ的な思考にも繋がるわけです。これが問題解決能力を飛躍的に伸ばすことは言うまでもありません。

　要するに「フェルミ推定」で数学的センスを磨くと、他の誰かに頼らなくても自分の頭で考えられるようになるため、自信がつくのです。

　先が見えないこんな時代だからこそ、自分を支える軸となる数学的センスを身につけて頂きたい。これこそが本書の狙いであり、数学にコンプレックスをお持ちの方に多く寄り添ってきた私の願いです。

「数学的センス」を磨く フェルミ推定

Contents

PART II　数学的センスの７つの力

PART Ⅲ フェルミ推定 解法の技術

数学的センスを磨く
PART Ⅳ 「フェルミ推定トレーニング」

カバー・本文デザイン　Ampersand Inc.（長尾和美）
DTP　リクリ・デザインワークス
イラスト　金井 淳
校正　聚珍社
編集協力　樺山美夏

PART I

「数学的センス」が必要な理由

▶小・中・高 12 年間、数学を学ぶ理由

　世界は今、人類史上最も「数字がモノをいう時代」だと言えます。

　IT 機器の爆発的な普及と AI の活用によるデジタル革命が進む現代は、人の行動や感情も含めたあらゆる情報が数値化されています。それらの蓄積であるビッグデータ、これを用いた技術革新が加速度的に進行しています。数字が物事の判断と予測の基準になっている世界が急速に広がっているのです。

　2019 年に経済産業省が出した報告書「数理資本主義の時代」には、次のような言葉がつづられています。

　「この第四次産業革命を主導し、さらにその限界すら超えて先へと進むために、どうしても欠かすことのできない科学が、三つある。それは、第一に数学、第二に数学、そして第三に数学である！」

　大学入試においても、私立文系の早稲田大学政経学部が 2021 年から数学 I・A を必須化しました。国立文系では東京外国語大学が 2023 年入試から数学の 2 科目受験を必須としています（それまでは 1 科目でした）。

　あちらこちらで数学の重要性が声高に叫ばれているわけですが、一方でこんな声も聞こえてきます。

「社会に出てから数学を使うことなんてある？」
「三角関数を知らなくても生きていける」
「社会人になって微分・積分を使ったことは１回もない！」

　確かに「二次方程式」「三角関数」「微分・積分」など、数学で習う単元の内容がビジネスや日常生活で直接必要になることはめったにありません。

　しかしながら、矛盾しているように聞こえるかもしれませんが、数学はすべての人が学ぶべき教科だと私は思っています。

　なぜなら数学を学ぶことで先の見えない時代を生き抜くための「数学的センス」を最速で養えるからです。私の言う「数学的センス」は次の７つの力で構成されています。

　　①情報整理力　②視点の多様化力
　　③具体化力　　④抽象化力
　　⑤分解力　　　⑥変換力
　　⑦説明力

　詳しくはPART Ⅱで解説しますが、これらの７つの力を身につけることこそ数学を学ぶ最大の目的であるというのが私の持論です。

　ただ、残念ながら、数学を学んだ人全員が数学的センスを身につけられるわけではありません。数学で学んだ さまざまな考え方を日々の問題解決に活かせるかどうかは人によって大きな差があります。

数学的センスは話し方に表れる

　数学的センスがある人とそうでない人はどんな違いがあるでしょうか。それは会話からもうかがえます。会社の同僚のAさんと、Bくんの会話の例で見てみましょう。

A：最近、服を思い切って整理したんだ。処分したり・整理したりして、いいことがたくさんあったわ！

B：へぇ。いいこと？　メルカリで高く売れたとか？

A：違う違う。服を仕分けしたら頭の中がすっきりして気持ちいいし、新しい発見があったの。たとえば季節別・カテゴリー別・頻度別・目的別って分けていくと、好きな服って年代によって違ったなとか、ライフステージで必要な服は変わるなとか再確認できたんだよね。

B：そんな大変なことやったんだ。服の整理なんてしなくても、僕はそのときの気分で好きな服を着たり買ったりするから無理だな～。

A：服の整理をして、同じような服を買う無駄がなくなったし、コーディネートに悩むことも少なくなって楽になったわよ。いいことだらけ。

B：話は変わるけど、今日、C部長の機嫌悪くない？

A：今日は雨だからね。C部長と3年間一緒に仕事して思うんだけど、雨の日はたいてい機嫌が悪い気がする。低気圧になると頭痛に悩む人もいるし、C部長もそうじゃないかな。

B：てっきり奥さんと夫婦ゲンカでもしたのかと思ったよ。

A：C部長の奥さんの悪口聞いたことないわよ。考えてみると

C部長だけじゃなくて、イライラしているD課長もにらむように パソコンを見るEさんも機嫌が悪そうなのは低気圧の とき。今日もD課長やEさんには要注意ね。

B：言われてみればそうだね。あ、もうこんな時間！　うちのチ ームの新規事業のプレゼン資料、早くつくらなきゃ。お昼 代おごるから手伝ってくれない？

A：それはね「データの集計」「スライドの作成」「プレゼン内 容の編集」「発表」っていうように仕事を分担するといいよ。 「日程調整の連絡」も必要ね。

B：連絡やる！　一番楽そう！

A：言うと思った！　ミスしないでよ（笑）。

Aさんの言葉には「数学的センスの7つの力」がふんだんに 盛り込まれています。仕事や生活のパフォーマンスレベルが高 いことが想像できるのではないでしょうか。

さらに数学的であることは、人を感動させる力もあります。

▶人を感動させる力もある数学的センス

私はオーストリアのウィーン国立音楽大学に留学して、帰国後はプロの指揮者として活動していたことがあります。留学時代によく耳にしたのは「彼（彼女）の音楽は論理的でいいよね」という言葉です。

欧米では「logical（論理的）」であることが称賛の対象になります。私はそうした土壌から西洋のクラシック音楽は生まれたと考えています。

バッハ、モーツァルト、ベートーベンら天才作曲家が遺した名曲の楽譜を読み解くと、**99％の音の組み合わせ方や転調（キーを変えること）は理屈で説明できます**。ただ、残り1％は説明不可能な手法でつくられているのも事実です。その1％が天才と凡人の違いかもしれません。

そもそも、「ドレミファソラシド」という、音階を発明したのは誰かご存じでしょうか？

「ピタゴラスの定理（三平方の定理）」でも有名な古代ギリシアの数学者、ピタゴラス（前570頃〜前496頃）です。きっかけは鍛冶屋が叩くハンマーの音でした。ある日、散歩で鍛冶屋の近くを通りかかったピタゴラスは、職人がハンマーで金属を叩く「カーン、カーン」という音を聞いて、その中に美しく響き合う音とそうでない音があることに気がつきました。

　不思議に思ったピタゴラスは鍛冶屋職人のもとを訪れ、いろいろな種類のハンマーを叩いて調べました。そして、美しく響き合うハンマーの重さには「単純な整数の比」が成立することを発見したのです。

　人間の心を震わせる美しい音に、シンプルな数字のルールが潜んでいることに感動したピタゴラスと弟子たちは、音程と数の関係を熱心に研究しました。

　古代ギリシア以降、中世に至るまで、音楽は楽しむものというより哲学や科学に近いもので、秩序や調和の象徴として捉えられていました。**音楽が時代を超えて演奏されるのは、その世界をつくり上げている「論理」が色褪せないからだと私は思い**ます。普遍的な作品には数学的な考え方が少なからず反映されていると言っても過言ではありません。

　数学には、音楽だけでなく「話し方」や「構造」などにも通じる「美しさ」があります。詳しく見ていきましょう。

▶「美しい」のしくみ

「美しい」というと見たり聴いたりする美しさをイメージする人が多いかもしれませんが、それだけではありません。**美しさは思考にも行動にも生き方にも現れます。**その美しさを**体現するのが「数学的センス」**なのです。

　私は常に、考え方も、生活も、生き方も数学的でありたいと思うのですが、それは「美しくありたい」とほぼ同義です。「美」とは「知覚・感覚・情感を刺激して内的快感を引き起こすもの」（広辞苑）です。では何が「内的快感」を引き起こして人に"美しい"と感じさせるのでしょう。

　私は、数学の美しさは「対称性」「合理性」「意外性」「簡潔さ」の４つの性質にまとめられると考えています。

◆「対称性」——数学的美しさ①

　左右対称の図形や絵、デザイン、建築物、景色など、多くの人に美しいと評価されているものの多くはシンメトリーで均整がとれています。

　富士山が美しいと感じるのは、左右対称の形をしているからです。東京タワーや東京スカイツリーもそうです。富士山がもし左右非対称で、見る方角によって異なる形に見える山だったら、世界中の人を魅了することはなかったでしょう。

数学は、対称性を利用して議論を効率良く進めることがよくあります。**対称性が見つかれば、部分の理解が全体に通用する**からです。

◆「合理性」——数学的美しさ②

　数学の答えは１つで、その結論の正しさは古今東西、覆されることはありません。しかし、答えを導き出すまでの解法はいくつもあり得ます。ゴールは１つであっても、思考プロセスは多様にあるのです。

　合理的であればどんな道筋で考えても問題ありません。正しい道筋はいくつもあるため、**自由に考えて同じ結論にたどりつけるのが合理的に考えることの快感であり、美しさです。**

　私は学生時代、問題集にたまに載っている「別解」を見るのが好きでした。「なるほど！　こういう考え方もいいな！」と思えるとき、世界がパッと明るくなったような快感を覚えたものです。そして、そんな風に考えることができた人の感性を、それを許す数学を「美しい」と感じました。

◆「意外性」——数学的美しさ③

　たとえば、奇数を１＋３＋５＋７……と足していくと、どこで止めても必ず平方数（整数の２乗になっている数）になります。数学を勉強しているとこうした意外な事実にたびたび出会い、興奮と共に内的快感を得ます。

部屋を掃除していてひょんなところで100円玉を見つける
と、テンションが上がりますよね？　また、チョコレートとチー
ズ、トーストとわさび漬けなど、意外な食べ合わせが美味しく
感じられたときも、嬉しいものです。

　人は誰しも予測がつく場所よりも、意外な場所で何かを見つ
けたときのほうが快感を覚えます。だからこそ、**意外な真実に
出会わせてくれる数学**に美しさを感じるのでしょう。

◆「簡潔さ」——数学的美しさ④

　数学にはさまざまな美しい定理があります。
　次の、立体的な図形を見てください。

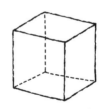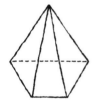

　見た目はまったく異なるこれらの図形には、共通するシンプ
ルな法則が秘められています。それは、「オイラーの多面体定理」
と呼ばれる次のような定理です。

$$v - e + f = 2$$
（　頂点の数　−　辺の数　+　面の数　＝2）

　凹みのない凸多面体であれば、図の3つの立体だけでなく、

ありとあらゆる立体がこの定理にあてはまります。世の中にあるすべての立体にこんなシンプルな定理が成り立つとはまったく驚きです。

　このように「一見、複雑そうでも本質はシンプル」ということが数学にはよくあります。

　なぜなら、数学の歴史はさまざまな事例に通用するシンプルな法則を発見してきた歴史でもあるからです。今でも数学者たちは一般に成り立つ簡潔な定理や公式はないか探し続けています。

◆数学的センスはあらゆるところで表れる

　これらの４つが数学的な美しさの主な要因です。数学的センスを身につけ、仕事や生活に役立てられるようになれば、これらの美しさに随所で出会うことになるでしょう。

　たとえば、プレゼンや会議に使う資料をつくるときは、対称性に気を配り、対応する項目のフォントや色使いを統一する人は多いと思います。そうすれば構造が整理されて情報がひと目でわかるようになるからですね。

　仕事に関係するある数量（ユーザー層や売上の規模など）を知りたいとき、人によって推定の手順や数字の分解の仕方は違いますから、道筋は一通りではありません。しかし、合理的であれば、結果はどれも同じようになるはずです。

また、数学的に考えて得られた売上予想や予算規模などが、予想と大きく異なり、意外に思うこともよくあります。さらに、簡単な四則演算しか使っていないのに経営の方針を決めるような有益な答えが出るケースも少なくありません。

　これまで、数学的センスがあれば、問題解決に活かせるだけでなく、内的快感をもたらす「美しさ」にも出会えるというお話をしてきました。しかし、実際に何をすればいいのか、気になるところと思います。特に、学生時代に数学が苦手だった人は、改めて数学を学び直すのはハードルが高いでしょう。

　だからこそ私は、数学は苦手だけれど、数学的センスは身につけたいと願う社会人には「フェルミ推定」をおすすめします。

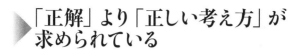

「正解」より「正しい考え方」が 求められている

IT企業をはじめ、多くの会社が入社試験で出題するフェルミ推定の問題には次のようなものがあります。

「日本にある電信柱の数は何本か？」

「インターネット上のすべてのwebページ数は？」

このような予想もつかない問題が面接で出題されます。自分の頭で解き、論理的に説明する、その思考プロセスを見極めるためです。山勘で「〜くらいでしょうか」などと漠然と答える人は（偶然答えが合っていたとしても）合格できません。

フェルミ推定で評価される人というのは、答えが正しかった人よりも、思考プロセスが数学的であった人だと言えます。

「面接の場では無理かもしれないけど、普段ならネットで調べればなんでもわかるんだから『プロセス』なんてどうでもいいでしょ」という意見もあるでしょう。

でも、本当にそうでしょうか？

私は、「答えを見つける」ことより、「正しい考え方ができる」ことのほうがずっと大切だと思います。

なぜ「正しい思考プロセス」に重きをおくのかと言いますと、最後に頼りになるのは自分の頭だからです。

たとえば、山に遭難したとしましょう。

遭難したら助けが来るまで動かないほうがいいでしょうか、川を探したほうがよいでしょうか、それとも太陽の向きから方角を見定めて進んだほうがいいでしょうか……。

"答えらしきもの"はたくさんありますが、今の自分の状況に
ぴったりの最適解を決めるのは自分です。

　山の遭難を例にしましたが、これは「先行き見えない時代の
ビジネスの方向性」「自分の今後の働き方」「人生の楽しみ方」
にもあてはめられます。ネットの中で答えを探すよりも自分の
頭で考えて答えを出せるほうがずっと大切です。

　18世紀のフランスの哲学者で、『社会契約論』の著者とし
ても知られるジャン゠ジャック・ルソー（1712〜1778）も、
次のように言っています。

「ある真実を教えることよりも、
いつも真実を見出すにはどうしなければならないかを
教えることが問題なのだ」

　情報があふれ、価値観の多様化による問題の複雑化・個人化が
進む現代。変化のスピードはますます速くなり、自分に必要な
「正解」は自分にしか導けないと言っても過言ではないでしょう。

　本書ではまず、現代を生き抜く最高の論理的思考力である「数
学的センス」とはいったいどういうものなのかを明らかにしま
す。そして、それを身につけるための「フェルミ推定」の方法
と実践について詳しくやさしく紹介していきます。
　どうぞご期待ください！

PART II

数学的センスの7つの力

数学的センスがあるか、ないかを問う問題

数学的センスの素養を問う次の問題に答えてみましょう。

Q. 次のうち、あてはまるものはいくつありますか?

☐ スマホやパソコン、または自分の部屋や机などを自分が使いやすいようにカスタマイズしている。

☐ オンラインコースや書籍を利用して、新しい知識やスキルを身につけるのが好きだ。

☐ タスク管理や整理整頓など、日常生活を効率化するために、自分なりの方法や工夫を考えて取り入れている。

☐ 旅行はツアーで行くより、自分で計画を立てたり、旅の途中でどこに行って何をするかを考えたりするのが楽しい。

☐ 料理はレシピ通りにつくるより、味見をしながら自分流にアレンジしてつくるほうが性に合っている。

いかがでしょうか?

5つの質問に共通しているのは、**他人が答えを出してくれる（用意してくれる）のを待つのではなく、自分の頭で考え、より合理的で楽しい生き方をしている**ということです。

あてはまる項目が多ければ多いほど、数学的センスの素養があると言えるでしょう。

「この程度で"数学的"と言えるの?」と思うかもしれません。

しかし、数学的に考えることは、実は身近な思考であり、あらゆる場面に顔を出すのです。それを意識的に使いこなせるようになれば、間違いなく仕事や生活がより豊かになります。

　数学的センスには、PART Ⅰでも述べたように、次の7つの力が含まれています。

数学的センス

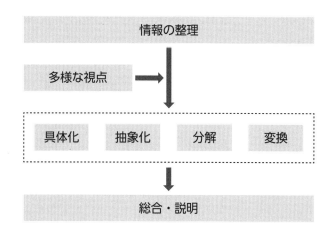

　あなたも普段、使っている思考があるはずです。
　これらの力はどれも、日常的な問題解決に使われています。ただし、意識的に使えているかどうかは別問題です。
　次のページから、それぞれ説明しましょう。

▶「情報整理力」
──数学的センスの7つの力①

　問題解決にあたり、最初にすべきことは「**情報の整理**」です。物事にはたいてい複数の情報が絡み合っていますから、その情報を解きほぐして整理すると「何が問題なのか」「何を優先すべきか」が明確になります。

　情報の整理には「箇条書きにする」「分類する」「表や図にまとめる」といった方法があります。ひとつの例を参考に考えてみましょう。

Q. 次の話の問題点を洗い出しましょう

　あなたは、カフェを経営している友人からこんな相談を受けました。

「最近、店の売上が落ちているんだよね。近所に大手チェーン店もできちゃって、そっちに客を取られてるみたい。ウチはさ、コーヒーの味には自信があるし、内装も黒板とレンガを組み合わせてブルックリン風にまとめているんだけどなあ。実際、店のオシャレな雰囲気のおかげで、客層の6〜7割はOLさんなんだよ。とにかく、このままじゃ先細りだから、思い切って来月からはランチ営業もやってみようかと思ってる。サラリーマンも取り込むんだったら、やっぱりガッツリ食べられるようなボリュームあるほうがウケるかな？　どう思う？」

相談半分、グチ半分といったところでしょうか。

このようなグチ半分の相談に対して「大変だねえ」「そのうちきっと客足も戻ってくるよ」と共感したり、慰めたりするのも友人として大切なことかもしれませんが、やはりここは数学的センスを発揮して、有益なアドバイスをしてあげたいところです。

たとえばこんな風に。

▼情報を箇条書きにする

・客の数が減っている

・近所に大手チェーンのカフェができた

・コーヒーの味には自信がある

・ブルックリン風の内装がオシャレ

・主な客層は OL

・新規にランチ営業を始めることを検討中

・サラリーマンも取り込むことを検討中

箇条書きにすると、友人の言葉には「現状」「外部環境」「内部環境」「検討課題」など、さまざまな情報が入り交じっていることが見えてきますね。

そこで、さらに分類していきます。

▼情報を分類する

《現状》
・客の数が減っている
・主な客層は OL

《外部環境》
・近所に大手チェーンのカフェができた

《内部環境》
・コーヒーの味には自信がある
・ブルックリン風の内装がオシャレ

《検討課題》
・新規にランチ営業を始めることを検討中
・サラリーマンも取り込むことを検討中

▼表や図にまとめる

　あなたは友人として「現状」や「内部環境」を考慮しながら、リスクが少なく利益が上がりそうな新規事業の提案をしてあげたいところです。そこで、フレームワークの1つであるマトリックスを使って「検討課題」を図解してみましょう。

　ここでは、横軸に製品（product）、縦軸に市場（market）を取り、それぞれ「新規」と「既存」を考えます。

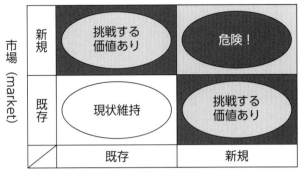

PMマトリックス

このマトリックスを「PMマトリックス」と言います。この
マトリックスを使うと次のような判断ができます。

　　　・新規の製品＆新規の市場　→　危険！
　　　・新規の製品＆既存の市場　→　挑戦する価値あり
　　　・既存の製品＆新規の市場　→　挑戦する価値あり
　　　・既存の製品＆既存の市場　→　現状維持

カフェの新規事業もこのマトリックスでまとめてみましょう。

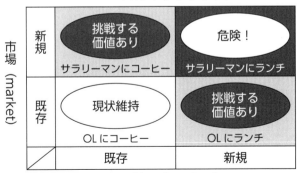

PMマトリックス

「サラリーマンにランチ」は市場も製品も新規になるためリスクが高いことがわかります。

　一方、現状の客層（市場）と商品（製品）から

・OLにランチ

・サラリーマンにコーヒー

のどちらかは、挑戦すれば勝機は十分にあるでしょう。

"たかが箇条書き"、"たかが表"とバカにすることはできません。情報を見やすくわかりやすくまとめることは、他人に対してはもちろん、自分自身の思考力を十分に発揮するためにも有益です。

　歴史をひも解くと、このような「情報の整理」のおかげで多くの人命が救われた例もあります。「白衣の天使」として誰もが知るあの偉人は、実は優れた「数学的センス」の持ち主でした。

◆情報整理で、多くの命を救ったナイチンゲール

　フローレンス・ナイチンゲール（1820〜1910）が統計の達人であったことはあまり知られていません。

　1850年代に起きたクリミア戦争下の野戦病院ではたくさんの兵士が亡くなっていましたが、その原因の多くは戦闘による負傷ではなく、不衛生な状況が招く感染症でした。

　そこでナイチンゲールは病院での死亡者数の内訳を詳しく調べ、統計学的な手法を用いて整理し図にまとめました。感染症

による死亡が圧倒的に多いことがひと目でわかるこのダイヤグラムは「鶏のとさか」と呼ばれています。

鶏のとさか

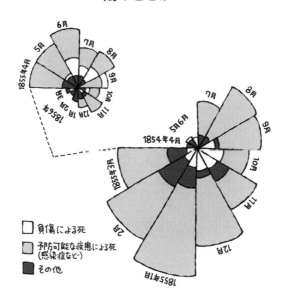

ちなみに、この図は、扇形の面積は半径の2乗に比例することが使われていて、差異が際立つように工夫されています。ナイチンゲールはデータの傾向を端的に示すという統計のセンスを持っていました。

「鶏のとさか」は政府を動かし、病院の衛生状態は大きく改善されました。その結果、それまでは50％近かった入院患者の死亡率はわずか数％にまで激減したといいます。ナイチンゲールの数学的センスが多くの命を救ったのです。

「視点の多様化力」
——数学的センスの7つの力②

　情報の整理には、視点を変えて見ることも必要です。例として次の絵を見てください。

　この絵を「壺の絵」と見る人もいれば、「左右から向かい合う2人の横顔の絵」と見る人もいます。黒い部分を背景と見るか、白い部分を背景と見るかによって、まったく見え方が違うのは面白いですね。

　この絵はデンマークの心理学者エドガー・ルビン（1886～1951）が考案した有名な多義図形で「ルビンの壺」と呼ばれています。

　仕事や生活など、さまざまな物事も同じです。**ある視点からでは見えていなかったことが、別の視点に立つと見えることがあります。**

多様な視点の基本は「逆の視点」です。

逆の視点には「それ以外」を見る視点と、「立場を変えて」見る視点の2つがあります。前者の「それ以外」を見る視点は次の2つの例がわかりやすいでしょう。

◆見え方が変わる！　「株で儲かった」の外側

株を運用している複数の人から「株式投資で資産を増やした」という話を聞くと、「株っていうのは儲かるんだな」と思うものです。

しかし、それでは1つの視点からしか見ていない単純な捉え方になっています。なぜなら株の運用で起こり得る事象として「資産を増やした」場合以外の「資産を減らした」事象があるからです。

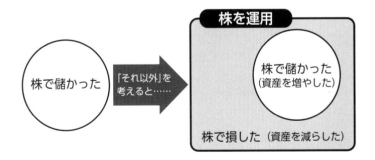

「株で儲かった」話だけ鵜呑みにしている人は図の丸い円だけしか見えていません。つまり「株を運用する」⇒「株で儲かる」という視点になってしまっているのです。

でも視野を広げれば、「株を運用」した人のなかには「株で

儲かった人」と「株で損した人」の2パターンがあるとわかる
はずです。

このように、自分の視野は狭くなっていないかと常に注意し
て、**意識的に「それ以外」を見ようとすると見え方が変わる**こ
とがよくあります。

次の問題はさらに顕著です。

Q. コップに残っているジュース、あなたはどのように見ますか?

気軽にできる心理学のテストとして有名なものですね。心理
学的には次のようになります。

「まだ半分残っている」と感じる人は、ポジティブ思考
「もう半分なくなった」と感じる人は、ネガティブ思考

ただし、これを数学的センスを磨く題材として考えると「コッ
プに半分のジュースが入っている」という事実に対して「まだ
半分残っている」とも「もう半分なくなった」とも考えられる

ようになることが大切です。そういう自由な視点の切り替えが、問題解決に役立つ柔軟な発想に繋がります。

自由に視点を変えられることが大切！

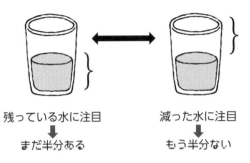

残っている水に注目
↓
まだ半分ある

減った水に注目
↓
もう半分ない

◆視点を変えれば一瞬！　試合数を1秒で計算

さて、次の問いにパッと答えられるでしょうか？

Q. 49 チームのサッカーのトーナメントがあります。全部で何試合行われるでしょうか？

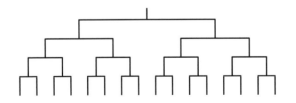

正攻法で考えると「優勝するチームが戦うのは全部で6試合かな？　あ、でもチーム数が奇数だからシード校（1回戦は不戦勝）もあるか……えーっと……」と悩んでしまうかもしれません。こんなときは視点を変えて「負けるチームの立場」に立ってみましょう。

　49チームのうち1チームが優勝するということはすなわち48チームが負けるということです。1試合につき1チームが負けるので優勝が決定するまでの試合数は**48試合**ですね。

　難しい数式や複雑な場合分けは必要ありませんでした。逆の立場に立って考えるだけで答えが簡単に出ます。

◆多様な視点でわかる「うまい話の裏側」

　立場を変えて見る姿勢は、洪水のように流れてくるネット上の情報、広告、DMの類の捉え方においても非常に重要です。

　なぜなら、素直な視点しか持たない人は都合がいい話を盲目的に信じてしまう危険性があるからです。「無料で成功者になる方法教えます！」などという自己啓発セミナーや起業セミナーの宣伝文句につられてしまう人はその典型と言えるでしょう。

　一方、逆の立場（送り手）に立って考えられる人は危険を回避できます。「その情報を発信する目的は何か？」「無料の商売でどうやって利益を上げているのか？」などと、送り手側の視点を持てる人は簡単に「うまい話」に飛びつきません。

▶「具体化力」
——数学的センスの7つの力③

　情報を整理して多様な視点を持てても、状況がわかりにくいことがあります。イメージができないと、人に伝えられなかったり、そもそも問題解決に至らなかったりします。

　そこで大切になるのが「具体化」する思考です。
　基本的なところでは「5W1H」で内容を顕わにすることも具体化と言えます。「誰が」「いつ」「どこで」「何を」「なぜ」、そして「どのように」という問いを持つことで、具体化できるわけです。

◆「健康的な食生活」では、人に伝わらない！

　次の問題を考えてみましょう。

Q.「健康的な食生活が大切」であることを　　どのように伝えますか？

　外食ばかりで、しかもファーストフードばかりを食べている友人に「もっと健康的な食生活を心がけないとダメだよ。身体に悪いよ」と話したとしましょう。でも、こういう抽象的な話し方では、結局、友人の食習慣は変わらない可能性が高いです。

　では、次のように言うとどうでしょうか。

「ファーストフードは、たまに食べる分には問題ないけれど、毎日食べると身体に悪いよ。ファーストフードは『トランス脂肪酸』という人工的な脂肪を多く含んでいて、心臓に悪影響があるってこの間読んだ雑誌に書いてあった。塩分・糖分も高いよね。塩分は高血圧の原因になるし、糖分は糖尿病のリスクが高まるよ。そもそもファーストフードはカロリーが高いから太りやすくもなっちゃうしね」

このようにどんな悪影響があるのかを具体的にあげることで、ぐっとわかりやすく、伝わりやすくなります。ここまで言われたら友人もきっと改心してくれるでしょう。

かつて「経営の神様」松下幸之助（1894 ～ 1989）は次のように言いました。

「塩の辛さ、砂糖の甘さは学問では理解できない。だが、なめてみればすぐ分かる」

机上の空論の虚しさと実践の大切さが、具体例によって見事に伝わる名言です。

数学や科学の世界でも、具体的な思考実験によってそれまでの常識を覆したケースは数多くあります。

◆歴史を変えたガリレオの具体化

たとえば、次の問題を考えてみましょう。

Q. 同じ大きさで重さが違う2つの球があります。
これを同じ高さから落とすと、
それぞれどのように落下するでしょうか?

多くの人が「重い球が先に落ちる」と考えたのではないでしょうか。古代ギリシアの哲学者アリストテレス（前384～前322）も「重い物体ほど速く落ちる」と唱えました。

しかし、「近代科学の父」と呼ばれるガリレオ・ガリレイ（1564～1642）は、それまでの常識に疑問を持ち、ある思考実験をもとに異論を唱えました。「思考実験」というのは頭の中でいろいろな状況を具体的にシミュレーションしてみることを言います。

ガリレオの思考実験はこうです。

重い物体と軽い物体を糸で結んで落下させることを考えます。もし、「重い物体ほど速く落ちる」のならば、軽い物体は重い物体より遅く落ちるので、重い物体は糸に引っ張られて単独で落ちる時よりも落下スピードが遅くなるはずです。

一方、2つの物体を1つの塊とみなせば、全体の重さはむしろ重い物体1つのときより重くなっているので、落下スピード

はより速くなります。1つの現象が、見方を変えると逆の結果になるというのは矛盾します。

　そこでガリレオは、重い物体ほど速く落ちるという説を否定し、今度は実際に実験を行って、物体の落下スピードは空気抵抗がなければ、質量に関係なく同じであるという事実を導き出しました。

　情報を整理し、さまざまな視点から眺めてみても、状況がわかりづらいときは、具体化してみましょう。

「こういう状況だったらどうなるかな？」「ちょっと条件を変えたらどうかな？」などと、いろいろと思考実験しているうちに、イメージが豊かになっていくはずです。

「抽象化（モデル化）力」
——数学的センスの7つの力④

　先ほどは抽象的なことを具体化して問題解決に繋げる話をしましたが、反対に具体的な物事を抽象化して共通点を見つけることも問題解決に繋がります。次の問題を考えてみましょう。

Q.「ハンバーガー」「牛丼」「立ち食い蕎麦」、 3つの共通点とは何でしょうか?

　「どれもお店で注文してから、おおよそ15分以内に食べ終わる」「価格が600円以内ほど」など、3つをひとくくりに説明できたでしょうか。「共通するものを抜き出す」これが**抽象化**の第一歩です。

◆「Z世代」も「自粛警察」も、抽象化

「抽象化」と聞くと、難しく感じるかもしれません。でも、普段の生活の中に「抽象化」はたくさんあります。

　日本人が列車のホームで行儀良く並ぶことや、野球のWBCやサッカーのワールドカップのような国際大会で応援席を綺麗に掃除する例などから、「日本人は礼儀正しい」とまとめるのは抽象化です。

　実は分類という整理そのものも抽象化です。たとえば馬、ハ

ト、イルカ、カラスの4種類の動物は次のように分類できます。

　哺乳類：馬、イルカ
　鳥類：ハト、カラス

　馬とイルカはまったく見た目が違いますし、イルカは海の中にいて魚のようにも見えます。ハトとカラスも色は全然違いますね。

　でも、馬とイルカには「赤ちゃんを卵で産まず、一生肺で呼吸する」という共通点があり、ハトとカラスには「全身が羽毛で覆われていて、翼が発達している」という共通点があります。これらを見抜いて、それぞれを「哺乳類」と「鳥類」に分類するのは抽象化です。

　もっと言えば馬を「馬」という名前で呼ぶこと自体も抽象化と言えます。厳密には一頭一頭の馬には個性がありますから、クローンでない限り、ある馬とすべての面においてまったく同じ馬というのは他にはいないはずです。

　でも私たちは一頭一頭の個性は無視して、すべての馬に共通する特徴・性質をもつ動物をひとくくりにして「馬」と呼んでいます。これもまさに抽象化です。

　他には、バブル崩壊後に生まれ、子どものときに就職氷河期を見てきた世代のことを「Z世代」と名付けるのも抽象化。大規模な災害や感染症の流行時に行政の自粛要請に応じない個人や商店に対して、私的に取り締まりや攻撃を行う一般市民を「自

粛警察」と名付けるのも抽象化です。どちらもそれぞれの個人がもっている個性は無視して、全体に共通する性質をつかもうとしています。

◆あいまいにさせるのが抽象化？

抽象化は、具体化の反対という見方がよくされるため、"あいまいなもの"だと思われるかもしれません。しかし、むしろ**抽象化とはその物事の特徴や強調すべき点を明確にすること**だと捉えてください。

また、複雑な情報から本質を抜き出して単純化することを「モデル化」といいます。「抽象化する」とはすなわち、「対象をモデル化する」ことでもあります。

電車の路線図は典型的なモデル化の例です。
路線図では駅の大小や、駅と駅の間の距離といった情報はそぎ落とされていますが、駅と駅の順序関係や乗り換えの情報は単純化（モデル化）された形でしっかりと把握できます。

数学の公式を n、x、y などのアルファベットを使って表現するのも、一般に使えるモデル化を目指しているからです。偶数を $2n$ と表したり、x と y を使って関数を表したりするのも、さまざまな数を文字に代表させて、無限に存在する数の性質や数と数の因果関係をわかりやすく捉えることを目的にしています。

「二次方程式の解の公式」や「三平方の定理」などの数々の公

式・定理も抽象化（モデル化）の賜物です。**抽象化された公式や解法を利用して、より高度な問題を解決していこうとするのは数学の基本姿勢です。**

◆抽象化と“偏見”の違い

ただし、安易な抽象化は危険です。たとえば「ゆとり世代」というネーミング。

1987年4月2日から2004年4月1日の間に生まれた人が、「順位をつけず個性を大事にする」という教育方針の「ゆとり教育」を受けたことは事実です。その世代は競争意識が低く昇進や昇給にも執着がない傾向があるとも言われています。

しかし、それはあくまで“傾向”です。そのゆとり世代“すべての人にあてはまる”とは限りません。たとえば、ある上司が一方的に「キミはゆとり世代だからプライベートを優先したいかもしれないけど……」などと決めつけるのは偏見です。

同じように「文系は数学が苦手」「理系は計算が速い」「女性は料理が得意」「B型の人はわがまま」といったくくりで物事を考えるのも偏見に繋がります。

◆抽象化が正しいかを見極める

抽象化が正しいかどうかは、さまざまな具体例をその抽象化で説明できるかどうかで判断できます。

先ほどあげた例で言うと、「600円以内で15分で食べられるお店」という抽象化で、ハンバーガー店、牛丼店、立ち食い蕎麦店はすべて説明できます。

逆に間違ったモデル化を仮に「競争意識が低いゆとり世代」とするならば、1994年生まれのメジャーリーガー・大谷翔平選手やフィギュアスケートの羽生結弦選手、2002年生まれの将棋棋士・藤井聡太さんはあてはまりません。アスリートや将棋棋士は、言うまでもなく競争意識がなければ続けられませんから。

個々の具体例からすべてに共通する本質を抜き出すことは本来とても難しいことです。それなのに安易なネーミングによって十把一絡げにしてしまうことで、かえって本質が見えなくなるケースは少なくないと私は思います。こうしたエセ抽象化には騙されることのないように注意したいところです。

▶「分解力」
▶──数学的センスの７つの力⑤

　変化のスピードが速く、価値観が多様化した現代に生きる私たちのまわりは問題だらけです。次々に変化する環境やシステムに適応しなければなりません。「問題が常にある」状態が普通と言えるでしょう。その問題が大きくて困難なほど、絡まった糸（要素）を解きほぐすのは厄介です。

　しかし、数学的センスがあれば、悲観する必要も慌てる必要もありません。一見難しい問題も、細分化すれば一つ一つは基本レベルの問題にすぎないことがほとんどだからです。例をあげましょう。

◆一見、複雑な楽譜を読むコツ

　ベートーベンの『交響曲第九番』、いわゆる『第九』と呼ばれる有名な曲をご存じでしょうか？

　前にも触れましたが、私はウィーンに留学してクラシック音楽の指揮者として活動していたことがあります。その頃、オーケストラや合唱団と練習するとき、次ページのようなスコアを使っていました。

　すさまじい情報量であることは間違いありません。今ではこのようなスコアを読むことに慣れましたが、指揮者を志した当初は「こんなものが読めるようになる日がくるのだろうか……」と不安になったものです。

　この楽譜には全部で24のパートの音符があります。『第九』は通常、80人強のオーケストラ、100人強の合唱団、それに4人のソリストと一緒に演奏するので、総勢約200人が出している音を一度に読んでいることになります。

　でも実際に勉強を始めてみると、それほど時間をかけずに読めるようになりました。コツがあったのです。それは全体をい

くつかのブロックに分割することでした。

　全部で 24 のパートが書き込まれていると言っても、同時に 24 種類の音楽が進行するわけではありません。

　楽譜で言えば、全体は合唱のメロディー（とハーモニー）、弦楽器のグループ 1、木管（＋ホルン）のグループ 2、それにティンパニとトランペットのリズムと計 4 種類のブロックに分類することができるのです。異なる 24 のものを同時に捉えることはほぼ不可能でも、4 つであればそう難しくはありません。

　さらに指揮者はしばしば、総譜全体に太い縦線を入れます。これは横の流れをフレーズ（メロディーの塊）に分けるためです。

　全体を分割して整理すれば、それまでの流れとは違う新しい要素（右の楽譜では中段やや上の右端に出てきます）をいち早く見つけることもできるんですね。

　普段、楽譜を見慣れていない人にはこれでも複雑な感じがするかもしれません。それでも全体をいくつかのブロックに分ければ、いくらか理解しやすいと思いませんか？

　もちろん、**分解してわかりやすくなるのは楽譜に限った話で**はありません。

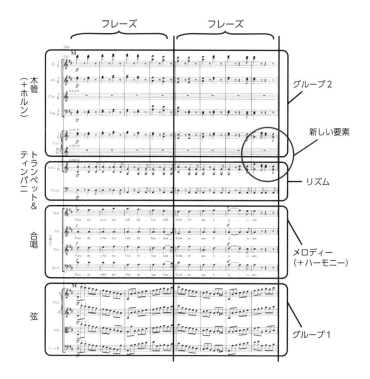

◆デカルトが言う「困難は分割せよ」も、分解思考

「われ思う、ゆえにわれあり」で知られる「近代哲学の父」ルネ・デカルト（1596〜1650）。彼が「変数」や「座標」を生み出した数学者でもあることはあまり知られていないようです。

　デカルトが「理性を正しく導き、学問において真理を探究するための方法の序説。加えてその試みである屈折光学、気象学、幾何学」として著した科学論文集に、自身の方法論の発見と確

立について述べた序文があります。この序文をまとめた『方法序説』（岩波文庫）には、次のような文が記されています。

> 「難問の一つ一つを、できるだけ多くの、
> しかも問題をよりよく解くために
> 必要なだけの小部分に分割すること」

　言い換えると「難しい問題を解く際は、より小さく分解、分類して（場合分けして）一つ一つを解いていきなさい」ということです。このメッセージはしばしば **困難は分割せよ** と意訳されています。

　たくさんの情報を持つ対象を一度に捉えることは容易ではありません。しかし、場合ごとにグループに分割してそれぞれを1つずつ見ていくと、全体を捉えやすくなります。
　これが「場合分け」の効能です。

　場合分けには大きく分けて2種類あります。

「**必然的な場合分け**」
　議論を進めていく上で必要になる場合分け。

「**自発的な場合分け**」
　大きな問題をいくつかの小さな問題に分解。それぞれを単独的に解くことで結果的に全体の解決を目標とする場合分け。

それぞれ例をあげて考えていきましょう。

旅行に行くときに「晴れたら牧場、雨が降ったら美術館に行こう」と予定を考えるのは**必然的な場合分け**です。こちらはそう難しくないですし、誰もが日常的にやっていることです。

一方の、**自発的な場合分け**は、最初のケースを土台にして他のケースを積み上げます。これはそのイメージから「山登り法」とも呼ばれます。

高い山を一挙に登り切ることを考えると、最初は気が遠くなりますよね。そこでまずは、麓から一合目まで登る方法だけを考えます。そして一合目に着いたら二合目、二合目に着いたら三合目までの道のりと登り方を考える……こういう具合に全工程をいくつかの段階に分けるのです。

そうすれば、その短い工程に適した準備と対策が楽にできます。しかも先に進めば進むだけ、前の経験を活かせることも多いです。気がつけばほとんどオートマティックに進んでいきます。

いつだったか「部長さんも社長さんも最初は新人だった」というコピーのCMを見たような覚えがありますが、どこの世界でも新人にとって大事なことは、まず経験を積むことです。誰でも最初は小さな仕事でしょう。でも、少しずつ成功体験を積み上げていって、仕事のノウハウを覚えていけば、いつかはベテランと呼ばれる主戦力になり、大きな仕事をこなせるようになります。

今や日本を代表する演出家の一人である宮本亞門さんも、最初に手がけた作品（アイ・ガット・マーマン）の会場は定員が200人にも満たないような小さな小屋でした。しかも初日の客席は半分も埋まらなかったそうです。

　比べるのもおこがましいですが、私が永野数学塾を開塾した当初も、時間貸しの小さなレンタルスペースから始めました。

　最初から大きな事を達成しようとすると、戸惑うばかりでしょう。大事なことは「最初の一歩」をできるだけ小さく設定してまずは踏み出すことです。そうすれば二歩目、三歩目……と進んでいけます。

　経験はいつも次の一歩を後押ししてくれるものです。今まで経験したことがないような難しい（複雑な）課題でも、工程を細分化し、一つ一つを解決していけばいつかきっと目的を達成できます。

▶「変換力」
──数学的センスの7つの力⑥

夏目漱石（1867〜1916）は次のように言いました。

> **「友は、他人なれども他人ではない。**
> **すなわち、他人であることを忘れさせてくれる人である」**

また、マハトマ・ガンディー（1869〜1948）は

> **「真の教育とは、人間の心を善に向かわせることである。**
> **すなわち、人間の価値観を高めることが教育の目的である」**

という言葉を遺しています。

　どちらも「すなわち」を使って、難しい概念をわかりやすい表現でうまく言い換えた名言です。

　言い換えによって、より問題が鮮明に考えられたり、見方が変わって取り組み方が変わったりします。うまい言い換えは、それだけで納得を促す、魔法のような思考技術です。

◆長嶋茂雄さんの圧倒的にわかりやすい言い換え

　読売ジャイアンツ終身名誉監督の長嶋茂雄さんがかつて野球の試合の解説をしているときにアナウンサーから、「今日の試合はどうですか？」と訊かれました。

　よくある返答は「ピッチャーに期待ですね」「四番がホームランを打てば勝つでしょう」「投手陣の継投がカギですね」などでしょう。

　しかし、長嶋さんは「この試合は、１点でも多く点を取ったほうが勝つでしょう」と言いました。

　長嶋さんは「試合に勝つ」を「１点でも多く取る」と言い換えたわけです。当たり前過ぎて思わずクスっと笑ってしまうかもしれません。でもこの言い換えはこの上なくわかりやすいと思います。

　野球のルールをまったく知らない人は、どうしたら「勝つ」のかわからないでしょう。スポーツにはアーティスティックスイミングや体操のように技の美しさを競うものもありますし、マラソンやスピードスケートのようにタイムを競うものもあります。でも野球はサッカーやバスケットボールと同じくスコアによって勝敗が決まるスポーツです。そのことが長嶋さんの一言で鮮明になります。

　言い換えによってわかりやすくなる好例です。
　次に、別の変換の例を紹介します。

◆豊臣秀吉も実践！ 問題をやさしくする「1対1対応」

変換には「1対1に対応させる」という方法もあります。

数学者の秋山仁先生は「理系大学進学に必要な能力」の1つに「自分の靴を揃えて指定されている自分の靴箱にしまえる力」をあげられました。これは「1対1対応がわかる力」です。

優れた数学的センスの持ち主だった豊臣秀吉は「1対1対応」を巧みに使って、主人の織田信長により一層、信頼されるようになったというエピソードがあります。

ある時、信長は調査のため、足軽たちに命じました。

Q. 信長「裏山の木の本数を数えてこい」

足軽たちは、もちろん命令に従いますが、すぐに混乱しました。木の数を手分けして数えているうちに、誰がどの木を数えたかがわからなくなってしまったからです。

そこで秀吉は「ここに 1,000 本のひもがある。木の数は数えなくてよいから、1 本ずつ木にひもを結んでこい」と言ったそうです。それならできると足軽たちは再び山に入りました。

数時間ほど経ってすべての足軽たちが帰ってきたあと、秀吉は残ったひもを集めて本数を数えさせました。仮に残ったひもの本数が 220 本なら木の数は 780 本であることがわかります。

つまり、秀吉は数えにくい木の 1 本 1 本を、数えやすいひもに「1 対 1 対応」させることによって、見事に難問をクリアしたのです。この一件で秀吉は信長からも、また家臣からも、ますます一目置かれるようになったと言われています。

身のまわりでも「1 対 1 対応」の例はたくさんあります。
次の問題を考えてみましょう。

Q. 映画館の館内に入場した人の人数を 簡単に割り出せる方法とはなにか？

映画館の来場者数を知りたいとき、館内に入って「1 人、2 人、3 人……」と数えるのは大変です。途中で移動したり、トイレに行ったりする観客もいるでしょう。でも、入り口でもぎったチケットの半券の数を調べれば確実に人数を把握できます。

「1 対 1 対応」が活躍する最もわかりやすいシーンは、ものの数を数える場面です。

◆「計算」は、1対1対応から始まった

そもそも人間は数を使うようになる以前から「1対1対応」を使っていました。

英語で「計算」を意味する"calculation"の語源がラテン語で「小石」を表す"calculus"（カルクルス）なのは、数を使えなかった時代の人類が、小石と数えたいものを1対1に対応させていたからだと言われています。

たとえばある農家が5頭の牛を飼っているとします。この農家の主人は「5」という数は使えません。しかし、1対1対応を使って「数える」ことは知っています。

彼の毎朝の日課は小石と放牧前の牛を1対1に対応させることです。こうしておけば、放牧後にその小石と牛を再び1対1に対応させることで、まだ帰ってきていない牛がいるかどうかを判断できます。

数学の世界では複雑なものを簡単なものと1対1に対応させることで問題を解決しようとすることがよくあります。座標軸上の点とその点を表す座標が1対1に対応していることを使って、関数や方程式の問題をグラフで考えるのはその代表例だと言えるでしょう。

▶「説明力」
▶──数学的センスの７つの力⑦

　これまで説明してきた数学的センスの６つの力を複合的に組み合わせてアプローチすれば、たいていの問題は解決への道筋が見えてくるでしょう。

　しかしそれだけでは、まだ数学的センスが完成したとは言えません。自分の思考プロセスを総合して人に説明し、人の理解を得られてはじめてその価値があると私は思います。

　自分の理解を他人に伝え、フィードバックをもらうことで、さらなる改善や発展が可能になることは少なくありません。もちろん、他人と共同で問題を解決する際には、自分の考えやアプローチを正確に伝えることが必要です。

　古代ギリシアの七賢人の中にタレス（前625頃〜前546頃）という人がいて、この人は「最初の数学者」と呼ばれています。それはタレスが、「二等辺三角形の底角が等しい」ことや「円の直径に対する円周角は90度である」ことなどを人類で初めて「証明」した人だからです。

　実は、これらの事実はタレスが生まれるずっと前から知られていました。でも、事実を発見しただけの人は「数学者」とは呼べません。なぜそうなるかが説明できないのなら、数学とは呼べないからです。

　太陽が東から昇って西に沈むという事実を知っていたとし

て、それを誰かに言ったとしても「あ、そう」と言われるのが
関の山でしょう。何の発展もありません。

でも、アリストテレスやコペルニクスやガリレオは、なぜ太
陽がそんな動きをするのか、太陽が動いているからか、それと
も地球が動いているからなのか……を考えました。だからこそ
「天動説」と「地動説」の大論争が巻き起こり、結果的に人類
は宇宙についての理解を深めることができたのです。

数学の勉強というと、公式に数字をあてはめて問題の答えを
出すことだと思っている人がいますが、**機械的に答えを出すこ
とに数学的な価値はありません。答えに至るプロセスを理解し
表現できなければ、基本概念の理解も、スキルの向上も、論理
的思考力の育成も望めないでしょう。**

ちなみに、東京大学の数学の入試問題は1問20点ですが、
答えそのものが合っているかどうかには1〜2点の配点しかあ
りません。残りの18〜19点はどうしてその結論になるのか
という説明が適切かどうかで決まります。これは、どのような
考え方にそって問題を解決したかを、正しい表現を用いて論理
的に説明できることこそが数学の能力であるという、東大から
のメッセージです。

**自分の頭の中だけが理解している「正しいこと」は、その価
値を十分にまっとうしているとは言えないと私は思います。**
数学的センスを完成させるためには、その「正しさ」を自分
自身で実践するのはもちろん、他者と共有して仕事や生活で役
立てることが必要なのです。

▶〈まとめ〉「生活の中の数学的センス」

これまで数学的センスの7つの力を詳しく見てきました。

まとめとして実生活に落とし込んでみましょう。買い物にもデートにも掃除にも子どものしつけにも数学的センスは表れます。

（1）情報整理力

週末に1週間分の買い物をする必要があるとしましょう。なかなかの分量になります。そんなとき、紙やスマホアプリのメモ帳に買う物を箇条書きにする人は多いのではないでしょうか？　実はこれも立派な「情報の整理」です。

買い物上手な人になると、スーパーで買うべき物とドラッグストアで買うべき物を分けてメモします。さらにスーパーで買う物も、野菜コーナーで買える物、お肉コーナーで買える物、乳製品コーナーで買える物、というように分類して、ちょっとした表のようにしてメモ書きする人もいます。

ちなみに、こういう情報整理の「上級者」は次のように買いたい物のそれぞれの本質（共通点）を「抽象化」できているとも言えるでしょう。

・キュウリ、キャベツ、セロリ、トマト　→　**野菜**

・鶏モモ肉、豚バラ肉、ソーセージ　→　**お肉**

・牛乳、チーズ、ヨーグルト　→　**乳製品**

（2）視点の多様化力

　今日は久しぶりに妻とデートです。さて、どこでご飯を食べようか……。妻に希望を聞くと「なんでもいい」と言います。しかし騙されてはいけません。経験上、本当に「なんでもいい」わけではないのです。

　そこで、食べたい物ではなく「食べたくない物」を聞いてみます。「それ以外を見る視点」の活用です。すると「油っぽくない物がいいかな」とか「昨日は中華だったから、中華以外かな」などと希望が出てきます。うっかり焼き肉とかにしなくてよかったです（笑）。

　さらに、恋人時代のように雰囲気さえよければいいというわけではないことにも気をつけます。家計を管理してくれている妻の立場に立てば、「コスパがいい」ことの優先順位は決して低くないからです。今度は「立場を変えた視点」を使いました。

　結果、お店は和食の海鮮ものが美味しい近所の小料理屋さんに決定。以前にも行ったことがあり、値段のわりにはお料理も雰囲気もいいことは知っています。妻も喜んでくれるでしょう。

（3）具体化力

　先日妻とニュースを見ていたら、岸田文雄首相が「資産所得倍増計画」を打ち上げた、と言っていました。いわく「現在の個人金融資産の半分以上を占める預貯金を資産運用に誘導する新たなしくみをつくる」そうですが、抽象的すぎて全然ピンときません。そこで、妻と思考実験（具体化）してみます。

私：「そもそも『資産所得』ってなんだろう？」

妻がすかさずスマホで調べてくれました。

妻：「『土地や資本などの財産を提供することによって得られる所得』だって」

私：「要は銀行に預けてある預金によって得られる利子とか、株の配当金のことかな。もしアパートなんかを所有していて家賃収入があれば、それも『資産所得』と言えるだろうね」

妻：「いわゆる『不労所得』のこと？」

私：「近い意味だと思うよ。ところで我が家の場合はどうだろう？　『資産所得』と呼べそうなものはあるかな？」

妻：「アパートも土地も持ってないし、株もやってないわね。せいぜい銀行の利子くらいだわ」

私：「バブル時代ならともかく、今は銀行の利子なんてあってないようなものだしなあ」

妻：「だからと言って、リスクのある投資は避けたいわよね」

私：「うん。やはりここは最近話題の NISA あたりを始めてみるのが適当か。税制上の優遇もあるみたいだし」

妻：「そうね。明日時間のあるときにちょっと調べてみるわ」

私：「それにしても、安全志向が強い日本人の性格からすると、投資に動き出す人がどれだけいるかちょっと疑問だよね。特に富裕層の大半を占める年配の方の気持ちを動かすには、かなり思い切った政策が必要だろうなあ」

妻：「たしかに。高度経済成長のときの『所得倍増計画』のようにはいきそうもないわね」

このように、抽象的でわかりづらいニュースも、具体的に思考実験することができればグッとわかりやすくなります。

66

（4）抽象化力

　私は太りやすい体質なので、これまで何度もダイエットに挑戦してきました。ダイエット中は毎朝体重計に乗って、一喜一憂してしまうものですが、駅の反対側にあるレストランまで歩いて行ったとき、ショッピングセンターで半日過ごしたとき、家族でテーマパークに出かけたときの翌日は、ほぼ間違いなく体重が減ります。

　また、以前はダイエットにもいいだろうと思い、ジムで週に３日、30分ほど泳いでいた時期もありましたが、どういうわけか、ジムの翌日はそう目覚ましい体重減少は見られないことが多かったです。

　以上の経験を抽象化すれば、（少なくとも私の場合は）「短時間の激しい運動よりも、長い時間をかけて歩いたほうがやせやすい」ということになります。

　一度、このように抽象化できれば、逆にこの法則を用いて具体的な行動の指針が立てられます。「昨日は食べすぎてしまったな……よし！　今日は１駅前の駅で降りて歩いて帰ろう！」というように。

（5）分解力

　たとえば年末の大掃除。やることが多すぎてどこから手をつけたらいいかわからないかもしれません。
　でも、そんなときこそ、やるべきことを小さく「分解」してみましょう。

「前倒しできるもの」
　カーテンやブラインドの掃除
　→ 12月の前半にすませる

「力仕事」
　ソファーや家具の移動を伴うもの
　→パパ担当

「部屋別」
　子ども部屋（子ども担当）、風呂とトイレ（パパ担当）、キッチン（ママ担当）など

　こうして分解して要素を洗い出せば、一つ一つはそう大変な仕事ではなく、また、それぞれに担当も決められるので、やり遂げられる気がしてくるものです。

　同じように引っ越しや模様替えなどの大仕事も「小さい仕事」に分解して、いつのまにかやり遂げてしまう。これも立派な数学的センスだと言えます。

（6）変換力
　我が家では、週末にワインを開けることが多いです。
　妻も私もそう強いほうではないので、2人で1本開けるか開けないかくらいなのですが、時々ワインや合わせた料理が美味しくて、ついつい1本以上の量を飲んでしまうことがあります。そんなときはほぼ100％月曜日の朝が辛いです。1本以下ならなんともないので「2人で1本」が私たち夫婦の限界量なのでしょう。

だから、1本を超えてしまったときは前の晩から「明日の朝は辛い」とわかります。ほぼ例外がないので、飲んだワインの量を翌朝の体調に「変換」できるというわけです。

ただ、せっかく数学的センスを使えたのについつい限度を超えて飲んでしまうときがあるのはご愛敬だと思うことにしています（笑）。

元来、子どもは嘘をつきます。
自我が芽生えた証拠だから仕方のないことだという意見も聞きますが、やはり我が子には正直な人間になってほしいです。そこで「嘘はいけない」と叱るわけですが、頭ごなしには言わないほうがいいでしょう。

なぜ、嘘をついてはいけないのかを、小さい子どもにもわかるようにしっかりと説明してあげたいところです。
そんなとき、説明のうまい人は身近な例を出します。

「パパやママが○○ちゃんに『今度1週間旅行に行こう』って言っていたのにそれが嘘だとしたらどう思う？　嬉しく思った分、嘘をつかれたことを悲しく思うよね」

　──次に、同じ「構造」がお友達との関係でも成り立つことを示唆します。

「もちろん、パパやママとは家族だから1回の嘘でバラバラになってしまうようなことはないけれど、お友達だったら、○○

ちゃんがついた何気ない嘘が原因で離れていってしまうかもしれないよ」

　　——さらに、読み継がれている有名なお話を出してみたりもするでしょう。「嘘をついてはいけない」というのは、親の個人的な思いではなく、一般的に正しいとされている信条であることを伝えるためです。

「ほら、オオカミ少年だって、最後は誰からも信用されなくなって大変なことになったでしょう？」

　　——もう一度身近な話に戻します。

「○○ちゃんも、何気なくついてしまった嘘で友達をなくしてしまうかもしれないよ」

　　——ここまできたら、そろそろまとめ（抽象化）です。

「嘘をつく人になると、まわりの大切な人を悲しませることになるし、本人もさみしい人生を送ることになると思う」

　　——締めくくりには、親としての思いも伝えておきます。

「パパもママもそんな子にはなってほしくないんだ。だから、もう嘘をつかないようにしようね」

　　子どものしつけにも、数学的センスは活躍するのです。

PART Ⅲ

フェルミ推定 解法の技術

▶フェルミ推定とは何か

数学的センスについて7つの力をもとに解説してきました。PART I でも述べましたが、先の見えない時代を生きる上では特に大切な思考技術です。

では、どのようにしたら身につくのでしょうか？

数学的センスを磨くために、私が自信を持ってオススメするのが、これから紹介する「フェルミ推定」です。

フェルミ推定とは「正確な値を得ることや実際に調査することが困難な数量を、わずかな情報や値をもとに論理的な推論を進め、短時間で定量的な概算をすること」（デジタル大辞泉）を言います。簡単に言うと「だいたいの値」を論理的に見積もる手法のことです。

◆ノーベル物理学賞受賞のエンリコ・フェルミ

フェルミ推定という言葉は、ノーベル物理学賞を受賞したエンリコ・フェルミ（1901～1954）に由来しています。フェルミは理論物理学者としても実験物理学者としても目覚ましい業績を残しました。

フェルミは爆弾が爆発した際、ティッシュペーパーを落

として、爆風に舞うティッシュの軌道から爆弾の火薬の量を推定できたと言われています。天才物理学者のフェルミは「だいたいの値」を見積もる達人でもあったのです。

シカゴ大学で教鞭を執っていましたが、物理学科に入学したばかりの学生に対して「シカゴにピアノ調律師は何人いるか？」と問いかけました。

ここでの目的は「正確な値（本当の人数）」を出すことではありません。シカゴのピアノ調律師の人数を正確に把握したいのならシカゴピアノ調律師協会（という組織があるかどうかは知りませんが……）のような、然るべきところに電話で確認するか、ネットで検索すればすむ話です。

大切なのは、このような問題に対して「わかるわけがない」と匙を投げるのではなく、すでに自分が持っているデータを使って論理的に「だいたいの値」が求められることです。

フェルミが物理学科の新入生に対してこのような問題を出したのは「これから科学の世界で生きていくのなら推定ができる能力は欠かせない」というメッセージだったのでしょう。

私が学生だった30年前には「フェルミ推定」という言葉はありませんでしたが、今も昔も、理系の学生にとって「だいたいの値を見積もる」スキルは必須です。

なぜなら実験を行う前に「およそこれくらいの値になるだろう」という予測ができなければ、必要な器具を選ぶことができ

ないからです。結果が100kgくらいの重さになる実験なのに、1kgまでしか測れないはかりを用意しても役に立ちません。

　もちろん、実験してみると、予想通りの結果が得られないこともあります。これについては、フェルミはとても含蓄のある言葉を遺しています。

　　　　　　「実験には2つの結果がある。
　　　　　もし結果が仮説を確認したなら、
　　　　　君は何かを計測したことになる。
　　　　　もし結果が仮説に反していたら、
　　　　　君は何かを発見したことになる」

　予測した「だいたいの値」とケタ違いの値が得られた場合でも「実験方法に不備があったのではないか?」とその精度やプロセスを確認することができます。あるいは逆に仮説の段階では想像がおよばなかった真実の発見に繋がることもあります。
　いずれにしても、事前に「だいたいの値」を見積もることは、有意義なのです。

　こんな風に書くと「私は科学者になるわけじゃないから、フェルミ推定なんて必要ない」と思うかもしれません。あるいは「だいたいの値なんて意味あるの?　正確な値がわからないとダメでしょう」という意見もあるでしょう。

◆自分の頭で考えて「見積もる」

しかし、未知の時代を生き抜く上では自分がわかる範囲の知識と経験を使って「推定する思考力」は極めて重要です。

何か困難にぶつかったとき、解決策が欲しくて、ネットを探しても答えがありすぎたり（人によって言うことが違う）、反対に一切見つからなかったりします。

自分の抱えている問題について「これが答え」というピッタリなものはなかなか見つからない時代です。だからこそ、自分の頭で考えて**見積もる力**が必要なのです。

また、仕事や生活の場で、正確な値でなくても、おおよその値がわかることが役に立つシーンは少なくありません。

たとえば、新規企画を考える会議のとき、ブレーンストーミング（自由な意見交換）の段階では、いろいろな市場の規模を、その場で概算できる力は重宝されるでしょう。

日常的にも、1冊の問題集を解き終えるまでの時間、希望体重を実現するためのダイエットの週間目標などがさっと概算できれば便利なはずです。

かつて、マクロ経済学を確立させたジョン・メイナード・ケインズ（1883〜1946）は次のように言いました。

"I'd rather be vaguely right
than precisely wrong."
（私は正確に間違うよりも、漠然と正しくありたい）

　もちろん、正確な数字が必要な場面もあります。官公庁が発表している統計データや学者の論文を吟味するなどして、細かい数字を弾き出さなければいけないこともあるかもしれません。こうした作業は骨が折れますし、時間もかかるでしょう。

　しかも統計的に算出された数字は確率的要素を含むため、時間と労力をかけて導き出した数字が「絶対に正しい数字である」とは断言できないところも厄介です。

　どんなに正確な数字を弾き出そうとしても結果として間違ってしまうことがあるわけです。これが「**正確に間違う**」という意味です。

　一方、だいたいの数量や規模がわかれば適切な判断ができるケースや話の内容が理解できるケースはたくさんあります。

　しかも「フェルミ推定」で弾き出したおおよその値は、ケタが違うほど大きく外れることはほとんどありません。これが「**漠然と正しい**」という意味です。

　「勝手に予想して、概算なんてしたら、見当違いな数字になるんじゃないの？」という意見もあるでしょう。それがそうでもないのです。

後で詳しく見ていきますが、フェルミ推定では、いくつかの推定量を掛け合わせていきます。

　そのとき、見積もりのすべてが大きすぎたり、小さすぎたりすることは滅多にありません。一つ一つの推定は本来の値から外れていたとしても、それぞれの過不足が互いに相殺して、結果としてはいい推定になることがほとんどです。

　かなりアバウトな感じで計算した結果が、本当の値と近いものになりやすい、というのはフェルミ推定のとても面白いところです。

　「フェルミ推定」という言葉が市民権を得るようになったのは、21世紀になってから、GoogleやMicrosoftといった企業が入社試験に「東京にはマンホールがいくつあるか?」のような問題を頻繁に出すようになったからです。

　フェルミ推定の問題を出題すると、受験者が数学的センスを持っているかどうかが判断できるため、近年ではさまざまな企業の入社試験でこの手の問題が出題されています。

　数学的センスがフェルミ推定の思考プロセスとリンクしていることを、例題を解きながら実感してみてください。

▶ フェルミ推定の手順を 例題でマスターしよう

　フェルミ推定を行うには、下の図の通り、「数学的センスの7つの力」がすべて必要です。

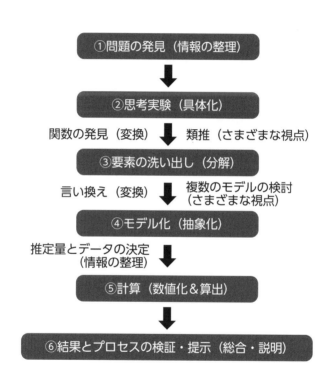

①問題の発見（情報の整理）

↓

②思考実験（具体化）

関数の発見（変換）　　類推（さまざまな視点）

③要素の洗い出し（分解）

言い換え（変換）　　複数のモデルの検討（さまざまな視点）

④モデル化（抽象化）

推定量とデータの決定（情報の整理）

⑤計算（数値化＆算出）

↓

⑥結果とプロセスの検証・提示（総合・説明）

　それでは実際にフェルミ推定の例題を手順と照らし合わせながら解いてみましょう。

◆《例題》日本の年間書籍売上はいくらか?

「①情報の整理」と「②具体化」

　書籍の売上を概算するにあたり、必要な情報は何だろう? と考えてみます。できるだけ具体的にイメージしてください。書店に並ぶお客さん、Amazon などでポチっているユーザー……。彼や彼女たちは何を手に持っていますか?　あるいは何の画面を見ながらクリックしているでしょうか?

　さらに、自分のまわりで書籍を購入している姿が想像できる人はどんな人で、どれぐらいいるかも考えてみます。この段階で具体的な思考実験ができればできるほど、このあとが進めやすくなります。

「③分解」

　①と②を通じてイメージが膨らんだら、「日本の年間書籍売上」を決定する要素をできるだけ細かく分解していきます。ここでは、必要な要素を「日本の人口」「読書習慣がある人の割合」「書籍1冊あたりの平均売値」「読書習慣がある人1人あたりの年間購読冊数」の4つにしました。

最初はなかなかうまくいかないかもしれません。コツは求めたい推定量が「何によって決まるのか?」ということをさまざまな視点を試しながら、できるだけ分析的に考えることです。顕微鏡のピントを合わせるような感覚に近いでしょうか。そうすれば、どのような要素に分解すべきかが見えてきます。

「④抽象化（モデル化）」
　③の分解で洗い出した要素を組み合わせて、推定量を求めるための計算式をつくります。今回の場合は次のような式になりました。

日本の年間書籍売上（円／年）
＝ 日本の人口（人）× 読書習慣がある人の割合
× 書籍1冊あたりの平均売値（円／冊）
× 読書習慣がある人1人あたりの年間購読冊数［冊／（人・年）］

　年間の書籍売上を決定する要素は他にもあります。景気や生活習慣も加味する必要があるかもしれません。実際、新型コロナの流行による「巣ごもり需要」は書籍の売上に影響したようです。

　さらに「読書習慣がある人の割合」や「書籍1冊あたりの平均売値」を十把一絡げに考えてしまっていいのかという懸念もあります。世代別とか、本の種類別に「加重平均」を用いるべきだという意見もあるでしょう。

しかし、そうした複雑な要因を考慮しすぎると、式をつくることがとても難しくなってしまいます。ですから思い切って（不要と思われる部分はそぎ落として）モデル化するという大胆さも必要なのです。

モデル化は、見積もりたい値をいくつかのデータや推定量の掛け算で得られる値に「変換」する作業です。最初は「こんなに単純にしちゃって大丈夫かなあ」とか、「こんな式でいいのかな？」と不安になるかもしれません。

でも、とにかく値を出してみましょう。大きく外れているようなら、そこで改めて検証し、改善していけばいいのです。「ケタ違い」にならなければ御の字くらい考えて「えいやっ！」とやってみることに価値があります。

東京大学名誉教授で失敗学の提唱者でもある畑村洋太郎先生は、ベストセラーとなった『数に強くなる』（岩波新書）の中で次のように述べています。

「倍・半分は許される。ケタ違いはいけない」

「間違いそうだから……」と尻込みするより、ケタさえ間違えなければ構わないと気楽に考えて、だいたいの内容をざっくりと捉えるほうがよっぽどマシだとおっしゃっているのです。これは、先ほど紹介したケインズの言葉にも通じます。

81

「⑤数値化＆算出」

　推定に必要なデータと推定量は以下の通りです。

〈1〉日本の人口（データ）
〈2〉読書習慣がある人の割合（推定量）
〈3〉書籍1冊あたりの平均売値（推定量）
〈4〉読書習慣がある人1人あたりの年間購読冊数（推定量）

　次のように数値を考えます。

〈1〉日本の人口：
　おおよそ1億2000万人

〈2〉読書習慣がある人の割合：
　活字離れが言われて久しいものの、子どもからご年配まで読書習慣のある人はまだまだいます。そこで読書習慣がある人の割合は70％にします。

〈3〉書籍1冊あたりの平均売値
　週刊誌やコミックなら500～800円、単行本なら1,500円前後で、かなり開きがありますが、ここは大胆に書籍1冊あたりの平均売値は1,000円ということにします。

〈4〉読書習慣がある人1人あたりの年間購読冊数
　個人差が大きいところだと思いますが、毎週決まった雑誌を買う人もいれば、1年に1～2冊という人もいるでしょう。また、好きなコミックは、出れば必ず買うという人も少なくありません。そこで読書習慣がある人、1人あたりの購読冊数は月

に 1 〜 2 冊、年間では **20 冊**ということにします。

　以上をふまえて算出します。

　　日本の年間書籍売上（円 / 年）
　　＝ 日本の人口（人）× 読書習慣がある人の割合
　　× 書籍 1 冊あたりの平均売値（円 / 冊）
　　× 読書習慣がある人 1 人あたりの年間購読冊数［冊 /（人・年）］

　　＝ 12,000 万（人）× 70（%）× 1,000（円 / 冊）× 20［冊 /（人・年）］
　　＝ 16,800 億（円 / 年）

　よって、**16,800 億円（1 兆 6800 億円）**と推定されます。

「⑥結果とプロセスの検証・提示」
　フェルミ推定によって値が出たら、必ず検証をしましょう。また、結果を人に伝えるときには結果だけでなく、その数値を得たプロセス、上の①〜⑤の手順を丁寧に説明することを心がけてください。これについては後で詳しく説明します。

　ちなみに、公益社団法人全国出版協会・出版科学研究所が発表した出版市場調査によると、2022 年の紙＋電子の出版物の推定販売金額は 16,305 億円（1 兆 6305 億円）です。推定値は 16,800 億円でしたから、今回はいい推定になりました。

◆大きく外れてしまったら?

　特に初心者の頃は自分の出した「だいたいの値」が、実際の「正しい数字」と大きく違うことがあります。

　そんなときは「情報の整理」「分解」「具体化」「モデル化」などのどこに問題があるのかを検証してみてください。やりっぱなしはよくありません。大きく外れてしまったときこそ、数学的センスを磨くチャンスです。

　フェルミ推定は、明確な思考プロセスによってモデル化した式に推定量やデータを入れて概算します。そのため検証はしやすいはずです。失敗も含めて場数をふめば、知らず知らずのうちにフェルミ推定の技術と数学的センスが鍛えられるでしょう。

　次ページから、フェルミ推定を解く手順のそれぞれのポイントを整理していきます。

フェルミ推定の「超基本公式」 ──フェルミ推定のポイント

フェルミ推定では次の「超基本公式」が非常に重要です。

《超基本公式》

$$総量 = 単位量あたりの大きさ \times 単位数$$

単位量というのは 1 日や 1 m² や 1 ℓ（リットル）のように、個数や大きさ、量などを測るために使われる基準のことです。単位の数だけ、いろいろな単位量があると思ってください。

「単位量あたりの大きさ」の意味や使い方については、私たちの生活に革命を起こした「あの人」のプレゼンにヒントがあります。

◆スティーブ・ジョブズも「単位量あたりの大きさ」で表現

アップルの創業者、故スティーブ・ジョブズ（1955 〜 2011）は圧倒的な説得力で世界中の人々を魅了するプレゼンテーションの達人でした。

ジョブズは 2008 年の「マックワールド」（アップル製品の発表や展示が行われるイベント）で、初代 iPhone が発売から 200 日間で 400 万台売れたことを紹介しました。

400 万台というのはすごい数字ではありますが、数が大きすぎてピンとこないのも事実です。400 万でも 40 万でも 4,000

万でもあまり印象が変わらないという人は多いのではないでしょうか。

そこをよくわかっているジョブズは「毎日2万台のiPhoneが売れている計算になる」と即座に言い換えました。これは次の簡単な計算の結果です。

$$400\,\text{万（台）} \div 200\,\text{（日）} = 2\,\text{万（台／日）}$$

「1日あたり2万台」という「単位量あたりの大きさ」によってiPhoneがいかによく売れているかが、多くの人に強く印象づけられました。

◆「単位量あたりの大きさ」をモノにする

「1日あたりの売れた台数」や「1㎢あたりの人数（人口）」「1ℓあたりの走行距離（燃費）」など、「1単位あたりの○○」で表されるものが「単位量あたりの大きさ」です。

別の例も見ていきます。
次の2つの問に挑戦してみましょう。

Q. 従業員100人で利益が20億円の会社A、
従業員20人で利益が5億円の会社B、
利益率が高いのはどちらか？

利益は会社Aのほうが大きいですが、従業員の数が違うので利益率も会社Aのほうが大きいとは限りません。こんなときは「単位量あたりの大きさ」の出番です。ここでは「従業員1人あたりの利益」を出してみましょう。

　A社：20億（円）÷ 100（人）= 2,000万（円/人）
　B社：5億（円）÷ 20（人）= 2,500万（円/人）

「従業員1人あたりの利益」という「単位量あたりの大きさ」に直すことで利益率はB社のほうが高いとわかりました。

Q. コンビニで売っているペットボトルのお茶。「500㎖で150円のC茶」「800㎖で200円のD茶」どちらがお得か？

　これも「単位量あたりの大きさ」で比べます。
　今回は「1㎖あたりの値段」を計算してみましょう。

　C茶：150（円）÷ 500（㎖）= 0.3（円/㎖）
　D茶：200（円）÷ 800（㎖）= 0.25（円/㎖）

　C茶が0.3円/㎖、D茶が0.25円/㎖ですから、D茶のほうがお得なことがわかります。

　すでにおわかりだと思いますが、先ほどの超基本公式「総量＝単位量あたりの大きさ×単位数」を変形すれば、単位量あた

りの大きさを求める公式が得られます。

総量 ÷ 単位数 ＝ 単位量あたりの大きさ

「単位量あたりの大きさ」を攻略するコツは、単位に注目することです。「○○あたりの大きさ」を知りたい場合は、「○○」の単位が分母にくるように式を立てましょう。

「○○あたりの大きさ」の単位は「〜 / ○○の単位」という形で「/」を使って表されることが多いですが、「/」は分数の簡易表現ですから……

$$\left(\left. \widetilde{} \middle/ \text{○○の単位} \right. \right) = \frac{\widetilde{}}{\text{○○の単位}}$$

という風に考えられます。たとえば「1 ㎢あたりの人数」が知りたければ……

$$\text{人数 (人)} ÷ \text{面積 (km}^2) = \frac{\text{人数（人）}}{\text{面積（km}^2)}$$

$$= 1\,\text{km}^2\,\text{あたりの人数（人 /km}^2)$$

と計算すれば「㎢」が分母にくる計算になりますね。

同じように、「ガソリン 1 ℓ あたりの走行距離」が知りたければ次のように計算すればよいのです。

$$走行距離（km）÷ ガソリンの量（\ell）$$

$$= \frac{走行距離（km）}{ガソリンの量（\ell）}$$

$$= ガソリン 1\ell あたりの走行距離（km/\ell）$$

◆「単位数」とは？

さて、「超基本公式」に戻ります。

改めて書けば、「総量＝単位量あたりの大きさ × 単位数」です。ここで「単位数」は単位量（「○○あたり」の○○）がいくつあるかを表しています。

たとえば「2 ℓ のペットボトル6本で12 ℓ」を「単位量あたりの大きさ」「単位数」「総量」にそれぞれ分けてみましょう。すると次のようになります。

単位量あたりの大きさ：(ペットボトル1本あたり) 2 ℓ
単位数：(ペットボトルが) 6本
総量：12 ℓ

同じように「ガソリン1 ℓ あたり10km走る自動車に40 ℓ のガソリンを入れたら400km走る」の場合は次のようになります。

単位量あたりの大きさ：（ガソリン1 ℓ あたり）10km
単位数：（ガソリンが）40 ℓ
総量：400km

ちなみに、単位数を計算で出したいときには「超基本公式」を変形して次の式を使います。

《単位数を求める公式》

$$単位数 ＝ 総量 ÷ 単位量あたりの大きさ$$

　この割り算は「総量」が「単位量あたりの大きさ」のいくつ分なのかを計算しているわけですね。

◆フェルミ推定は「超基本公式」を重ねていく

　フェルミ推定では「超基本公式」を重ねていきます。
　先ほどの「日本の年間書籍売上」の場合は……

日本の年間書籍売上
＝書籍1冊あたりの平均売値 × 年間購読冊数

で計算できそうですが、これだけでは数字が入れられそうにないので「年間購読冊数」を……

年間購読冊数
＝1人あたりの年間購読冊数 × 人口

と考えます。ただ、これでもまだ数値が入れづらいので、先ほどは次のように考えました。

年間購読冊数
＝ 読書習慣がある人の１人あたりの年間購読冊数
× 読書習慣がある人の人数

さらに、「読書習慣がある人の人数」を出すために、今度は「割合」を使って……

読書習慣がある人の人数
＝ 日本の人口 × 読書習慣がある人の割合

として80ページの式をつくったのです。

　フェルミ推定は一見、どうしたらいいかわからないものばかりです。そんなときは「超基本公式」に戻って考えてみてください。きっと糸口が見つかるはずです。

「情報の整理」で仮説を立てる
——フェルミ推定のポイント

　フェルミ推定の最初の手順は「情報の整理」です。仮説を立てるためには情報の整理が欠かせません。このときには「さまざまな視点」が求められます。

　基本的なところでは、自分の肌感覚から**主観的視点**で情報を整理する方法と一般的な価値観や常識にもとづいて**客観的視点**から情報を整理する方法があります。

　たとえば、「毎日カフェでコーヒーを飲む人が東京にどれほどいるのか」をざっくりと見積もるとしましょう。

《主観的視点による整理》

　自分や自分のまわりの人が飲むコーヒーの数から考えるのが主観的な視点による整理です。

　「30代の自分は喫茶店で1日1杯コーヒーを飲む（もしくはテイクアウトする）から、東京の30代の会社員は月に30杯はカフェでコーヒーを飲む」という風に仮説を立てて、さらに「他の世代はどうだろう？」と考えていくわけです。

《客観的視点による整理》

　ニュースなどを通じてカフェ利用者のデータやコーヒー消費に関するデータを見つけて、そこから考えるのが客観的な視点による整理です。

　こちらの方法では「ドトールの年間売上は○○円か。ドトールのシェアは20％くらいだろうから……」という風に仮説を立てていきます。

では、「全国にあるファミリーレストランの数を推定」する
場合はどうでしょうか。たとえば「**需要サイド**」に立つ視点や
「**供給サイド**」に立つ視点も考えられます。

　ただし、この場合はファミレスを展開する企業側から考える
供給サイドに立ってしまうと、数字が入れづらいかもしれませ
ん。ファミレスは普通巨大な組織なので、イメージがしづらい
のです。

　一方、客の立場から、つまり需要サイドに立って考えれば、
わかりやすく概算できるでしょう。なぜなら、自分や家族や知
り合いが月に何回、もしくは年に何回ファミレスで食事するの
か？　といった身近な数字はイメージしやすいからです。

　このように、視点が違えば推定の仕方も変わります。どのよ
うな視点に立って、情報を整理し具体化していくのかも、フェ
ルミ推定のポイントの1つです。

問題の要素を細かく「分解」
──フェルミ推定のポイント

　情報を整理すると問題を構成しているいくつかの要素が見えてきます。漠然としていた抽象的な問題を分解して具体的な要素を洗い出していくことこそ、フェルミ推定の醍醐味であると言っていいでしょう。

　先ほども書きましたが、問題を細かく分解するときのコツは「この値は、何によって決まるのだろうか?」と考えることです。

　数学では、「yの値がxの値によって決まる」ことを「yはxの関数である」と言います。少し難しく言えば、見積もりたい値が何の関数になっているのかを考える意識が「分解」には必要なのです。

　たとえば「1冊の問題集を解き終えるまでにかかる日数」は何によって決まるでしょうか?

　それは「1日あたりに解けるページ数」と「問題集の総ページ数」ですね。数式で表せば次のようになります。

　　1冊の問題集を解き終えるまでにかかる日数
　　＝ 問題集の総ページ数 ÷ 1日あたりに解けるページ数

　ちなみにこの式は「超基本公式」を変形した次の式を使って

います。

単位数 ＝ 総量 ÷ 単位量あたりの大きさ

それからもう１つ、「分解」する上で大切なのは、すべてを定量的に考えて**「数値」**で表すことです。フェルミ推定の問題は常に「数字」を求めてきますから、数値化できないと先に進めません。

普通は数値や数量で表さないような抽象的な物事も、定量化（数値で表すこと）して具体的な数字に落とし込んでいきましょう。

たとえば「夏までにやせたい」という目標の定量化を考えます。

「今の体重は75kg。夏までの３カ月で５kgやせたい。12週間あるから１週間で400～500gずつ減らすことを目標にしよう。そのために、摂取カロリーを2,000kcal未満に抑えて、毎朝30分のウォーキングも始めよう」

このように考えるのが**「数値化」**です。

◆ソフトバンクも分解思考で「目標を明確化」

ソフトバンク元社長室長の三木雄信氏の著作『孫社長にたたきこまれた「数値化」仕事術』（PHPビジネス新書）によると、ソフトバンクでは次のような考え方をするそうです。

営業利益
＝（ 顧客数 × 顧客単価 × 残存期間 ）
　－（ 顧客獲得コスト ＋ 顧客維持コスト ）

　会社の利益を上げていくためには「顧客数」「顧客単価」「残存期間」を最大化し「顧客獲得コスト」「顧客維持コスト」を最小化すればいいことがよくわかります。

　利益を上げるために「売上を伸ばしてコストを減らす」と考えるのは普通ですが、ソフトバンクではそれぞれを次のように分解しているわけです。

売上 ＝ 顧客数 × 顧客単価 × 残存期間
コスト ＝ 顧客獲得コスト ＋ 顧客維持コスト

　このようにすれば、取り組むべき課題が明確になって多くの従業員が問題意識を持って取り組むことができるでしょう。
　フェルミ推定においても、分解を進めれば進めるほど問題の本質に焦点が合っていきます。求めたい数値が何によって決まるのか、何を考えなくてはいけないかがくっきりと見えてくるのです。

　1つの究極の例として「ドレイクの方程式」を紹介しましょう。1961年にアメリカの天文学者フランク・ドレイク（1930〜2022）は私たちの銀河系にどのくらいの宇宙人が分布して

いるのかを見積もるために、次のように「分解」して考えました。

銀河系に存在する通信可能な地球外文明の数
＝ 銀河系の中で１年間に誕生する恒星の数
× 惑星系を持っている恒星の割合
× 恒星１つあたりの生命が存在できる惑星の数
× 実際に生命が誕生する惑星の割合
× 知的生命体にまで進化する生命の割合
× 星間交信力を持ち、実行する知的生命体の割合
× １つの知的生命体の文明が星間交信力を持つ期間

ドレイクは実に７つもの要素に分解したのです。そして、

・毎年平均 10 個の恒星が誕生する
・恒星のうち半数が惑星を持つ
・惑星を持つ恒星は、生命が誕生可能な惑星を２つ持つ
・生命が誕生可能な惑星では、100% 生命が誕生する
・生命が誕生した惑星の１% で知的文明が獲得される
・知的文明を有する惑星の１% が通信可能となる
・通信可能な文明は１万年間存続する

と考えて、これらを上の式に代入することで「銀河系には通信
可能な文明が 10 個は存在する」と推定しました。

　普通はここまで細かく分解するのは難しいかもしれません

が、もしこのようなことができれば、「地球外文明の数」など
という突拍子もない数値が推定できてしまうというのも、分解
の、フェルミ推定の面白いところです。

　繰り返しになりますが、フェルミ推定は多くの要素に分解す
ればするほど、正しい値に近づく可能性が高まります。

　推定値は感覚や経験をもとにするので、本当の値から外れて
いても不思議はありません。しかし推定値を3つ、4つ、5つ
と重ねていくとき、そのすべてが小さすぎるとか、すべてが大
きすぎるとかいうことは考えづらいでしょう。

　通常は、あるものは大きすぎて、あるものは小さすぎるわけ
です。そうなると、**一個一個の推定値が本当の値から外れてい
たとしても、複数の推定値を組み合わせれば、それぞれの過不
足がお互いに打ち消し合うことになり、結果として本当の値に
近い推定値が得られます。**

　問題をいくつかの要素に分解してモデル化していくところ
は、フェルミ推定の一番大事なポイントですが、最初はなかな
かうまくいきません。その秘訣はPART Ⅳのたくさんの例題
で習得していただきたいと思います。

▶モデル化できたあとの手順のポイント

　モデルをつくる（計算式をつくる）ところまではできたけど、数字があてはまらないということがあります。先ほどの、「日本の年間書籍売上」についても、「供給」側（著者や出版社側）に立ってどのくらいかなと考えようとすると、うまく数字が入っていかないかもしれません。

　数値化が皆目見当もつかないときは、別のモデルはないかなと視点を変えていきます。よりよいモデル（計算しやすく、より説得力がありそうなモデル）を探していきましょう。

　あとは、「日本の総人口」など既知のデータを利用しつつ、推定量の値を決定していきます。そして結果が出たら、プロセスを検証・提示することを忘れてはいけません。

　「日本の年間書籍売上」のように正しい値が調べられるなら、自分の推定値とどれくらい違うかを確認します。もし大きく外れているなら、どこに問題があったのかを検証することでよりスキルを高めることができるでしょう。

　また、正しい値を調べようがない場合でも、出てきた数字の大きさを別の尺度で測ってみたり、別のアプローチでも計算してみたりして「だいたいそんなものか」とか「ちょっと不自然だな」とかを検証してみてください。そうすれば、数字そのものに対する関心が高まり、数字に強くなれるでしょう。

余談ですが、私は「数字に強くなる」というテーマで講演をするときには、フェルミ推定を必ず取り上げます。簡単な四則演算で、最初は想像もつかなかったような値が計算できてしまうこと、そしてそれが本当の値から大きくは外れていないことを知ると、皆さん興味を持たれます。

　数学的センスを発揮して論理的に考えることの醍醐味と共に、数字が持っている具体性、普遍性、説得力などの魅力を感じてもらえるからだと思います。

　また、フェルミ推定の結果を誰かに伝えるときには「答えは○○くらいです」と言うだけでは不親切です。受け取る側としては疑問が残ります。**他人の信頼を獲得するためにも、議論を深めるためにも「どう考えてそういう数字になったのか」を丁寧に説明しましょう。**そうすれば、フィードバックが得られると同時にあなた自身の自己評価も容易になり、よりよい推定に繋がるかもしれません。

　そして何より、**他人にプロセスを提示することで、あなたのフェルミ推定の技術とアイデアは共有の財産となり、その価値を何倍にも膨らませることになります。**

　プロセスの検証と提示、そこまでを含めてフェルミ推定だと私は思います。

　それでは、いよいよ例題に取り組んでいきましょう。読者の皆さんに興味を持っていただけそうな面白い題材を多数用意しましたので、どうぞお楽しみください。

PART IV

数学的センスを磨く「フェルミ推定トレーニング」

超基本問題
一家で、どのくらいワインを飲んでいる?

最初に、フェルミ推定の超基本問題をやっていきましょう。まず私の解答を提示します。その後、このように計算できる理由を一緒に考えていきましょう。

Q. 1世帯あたりのワインの年間購入量は?

1世帯あたりのワインの年間購入量（mℓ / 世帯）
= 1本あたりのワインの容量（mℓ / 本）
× 1世帯あたりのワインの年間購入本数（本 / 世帯）

・1本あたりのワインの容量：800（mℓ / 本）
・1世帯あたりのワインの年間購入本数：5（本 / 世帯）

800（mℓ / 本）×5（本 / 世帯）= 4,000（mℓ / 世帯）

ちなみに総務省の家計調査（令和2〜令和4年）によると、1世帯あたりの平均のワイン購入量は3,716mℓでした。上の計算は非常に簡単なものですが、こんなに近くまで推定できるわけです。

答えよりも思考プロセスが大事です。PART Ⅲで紹介した

フェルミ推定の手順にそって、どのように考えたのかを追っていきましょう。

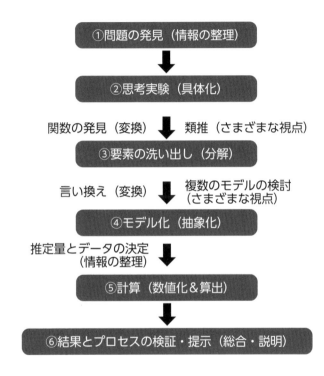

①問題の発見（情報の整理）

②思考実験（具体化）

関数の発見（変換）　　　類推（さまざまな視点）

③要素の洗い出し（分解）

言い換え（変換）　　　複数のモデルの検討
　　　　　　　　　　　　（さまざまな視点）

④モデル化（抽象化）

推定量とデータの決定
（情報の整理）

⑤計算（数値化＆算出）

⑥結果とプロセスの検証・提示（総合・説明）

　まずは「①情報の整理」からやっていきましょう。
　世帯とは、住居と生計を共にしている人々の集まりのことを言います。つまり、「1人暮らし」も「夫婦、子ども、夫婦の親世代が一緒に暮らす大人数家族」も1世帯になる場合があります。

ここで考える「1世帯あたりのワインの購入量」は、さまざまある世帯の平均という意味です。

「年間購入量」とは1年間（12カ月）で購入した量です。またワインの容量はmℓで考えましょう。

　次に「②具体化」です。
　イメージします。ワインを購入するのは、スーパーやコンビニ、ネットショッピングなどですね。ワイン専門店で購入する人もいます。

　さて、ワインを買うのはどんな理由でしょうか？
　日常的に家で飲むため？
　誕生日や記念日を祝うため？
　誰かへのプレゼント？
　そんな想像を膨らませられれば、ワインを求めるいろいろな人たちの画が浮かんできます。

次は「③**分解**」です。

「総量」を求めるための超基本公式は「**単位量あたりの大きさ×単位数**」でしたね。これを使って「1世帯あたりのワインの年間購入量」を分解してみましょう。

単位量あたりの大きさ：1本あたりのワインの容量
単位数：（1世帯あたりの）ワインの年間購入本数

たった2つに分けただけですが、こうして問題を分解すると、よりイメージしやすくなったのではないでしょうか？

さて、次は「④**モデル化（抽象化）**」です。
③で分解したものを組み合わせてモデルをつくります。
非常に簡単な式で少々不安かもしれませんが、今回は細かいことは全部そぎ落として、このモデルで考えてみます。

1世帯あたりのワインの年間購入量（㎖ / 世帯）
= 1本あたりのワインの容量（㎖ / 本）
× 1世帯あたりのワインの年間購入本数（本 / 世帯）

実は、今回は単位数も「1世帯あたりのワインの年間購入本数」という別の単位量あたりの大きさになっています。もっと言えば、総量にあたる「1世帯あたりのワインの年間購入量」も単位量あたりの大きさです。上の式は、単純ですが、「超基本公式」の応用になっていることに注意してください。

モデルの式の単位だけを抜き出して、通常の分数形式で書くと、次の計算になっているわけですね。フェルミ推定のモデルの式は、単位に注目するとつくりやすくなります。

$$\frac{\text{m}\ell}{\text{世帯}} = \frac{\text{m}\ell}{\text{本}} \times \frac{\text{本}}{\text{世帯}}$$

　「⑤数値化＆算出」をしましょう。

　まずは、「1本あたりのワインの容量」のデータを入れます。実はワインボトルの一般的なサイズは1本750mℓですが、これを知らなくても問題ありません。ここでも身のまわりの事例をヒントに具体化していきましょう。

　ワインボトルのサイズはペットボトルの感覚で500mℓくらいでしょうか。う〜ん、ちょっと少ない気がしませんか？　1ℓくらいでしょうか。そのくらいかなあと思いますが、1ℓの紙パックよりはややほっそりしているような気もします。

　そう思ったら、（適当に）おおよそ800mℓにしましょう。結果が「ケタ違い」にさえならなければいいので、1ℓで計算しても全然問題ありません。ここでは「1本あたりのワインの容量」を800mℓとします。

　次に「1世帯あたりのワインの年間購入本数」を考えましょう。これもイメージです。「自分はワインを1年間にどのくらい飲むかな」、もしくは「親だったら」「友達だったら」「"あの人"だったら」と考えをめぐらせます。今回計算するのは「1世帯あたり」、つまり、さまざまな家庭があるうちの平均です。

「1年間」というのが漠然としてイメージしにくかったら、さらに分解して「ひと月に」としましょう。後々 "× 12" して年間にすればいいのです。

たとえば、自分は2週間に1回ぐらい買っているから、年間24本購入すると想像したとします。でも、おそらくそういう方は「自分はワインが好きなほう」という自覚があるのではないでしょうか。もちろん、年間の購入本数が0本のまったく飲まない家庭もあるでしょう。反対に、毎日のように飲む家庭もあるかもしれません。

年間で3本か、5本か、10本か、20本か……という具合におおよそで考えていくと、5〜10本くらいが妥当なように思えます(このあたりは感覚で結構です)。今回は「1世帯あたり」つまり家庭での購入量なので、お店で飲む分は入らないことも考慮して少なめにしておきましょう。5本にします。これで「1世帯あたりのワインの年間購入本数」は5本に決まりました。

だんだんと答えが見えてきたでしょうか?
それぞれ数値をあてはめると「1本あたりのワインの容量」は800㎖、「1世帯が1年間に購入する本数」は5本でしたね。では、計算しましょう。

$$800 \,(\text{㎖／本}) \times 5 \,(\text{本／世帯}) = 4{,}000 \,(\text{㎖／世帯})$$

答えが求まりましたが、まだ終わりではありません。「⑥結果とプロセスの検証・提示」を行います。

問題は「1世帯あたりのワインの年間購入量は？」でした。家庭でのワインの飲料用に購入する量を考えるものとします。モデルの式は「1本あたりのワインの容量×1世帯あたりのワインの年間購入本数」と考えました。

「1本あたりのワインの容量」をおおよそ800㎖、「1世帯あたりのワインの年間購入本数」を5本と想定しました。すると1世帯あたり4,000㎖、ワインを年間購入すると計算できます。

今回のフェルミ推定は、2つの要素にしか分解していないので推定量の誤りが直に響いてしまいます。特に「1世帯あたりのワインの年間購入本数」を「5本」と考えたくだりは不安だった方も多いでしょう。実際、もし「10本」と考えてしまったら推定量は倍の「8,000㎖」になってしまいます。

でも！　PART Ⅲにも書いた通り、「ケタ違い」でなければよしと考えてください。そういうアバウトな感覚もフェルミ推定の入り口ではとても大切です。

まずは、こんなにも簡単な式で、総務省の統計を調べないとわからないような数字に近い数字が、自分で出せてしまったことを楽しんでもらいたいと思います。

その上で、より精度を高めるにはどうしたらいいかを、この先の例題を参考にしながら、工夫していただければ幸いです。

例題 2 ｜ 基本問題
日本全国ではどれくらいワインが飲まれているか

先ほどの問題の発展をやっていきましょう。

今度は「1世帯」ではなくて「日本人全体」が1年間に消費するワインの量、これに挑戦します。

Q. 日本のワインの年間消費量は?

この問題ではどのように「①情報の整理」をしますか?

"日本の"とあるので、日本人1億2000万人が1年間で飲む量を考えます。そのうちの飲酒が許される20歳以上が対象になりそうです。今回は家庭に限らず、バーやレストランなどのお店で消費される分も含まれることに注意してください。

また、ワインは料理用もありますが、飲料用を中心にイメージしていきます。料理に使われる量は飲料用よりはだいぶ少ないと仮定します。

「ワイン1本の容量」は先ほどの問題と同じように800㎖（もしくは1ℓ）でいいでしょう。

さて、いよいよ「③分解」ですが、まずは「超基本公式」に則って次のように考えます。

単位量あたりの大きさ：1本あたりのワインの容量
単位数：（日本人全体の）ワインの消費本数

これでいったん「④モデル化」してみます。

日本のワインの年間消費量（mℓ）
＝ 1本あたりのワインの容量（mℓ / 本）
× 日本人全体のワインの年間消費本数（本）

……まだこれでは数値が入らないですね。
　そんなときは「③分解」に戻ってさらに細分化しましょう。

　わかりづらい「日本人全体のワイン年間消費本数」を分解して「ワインを嗜む人の人数×ワインを嗜む人1人あたりの年間消費本数」に変換します。さあ今度は数値が入るでしょうか？

　再度「④モデル化」します。

日本のワインの年間消費量（mℓ / 年）
＝ 1本あたりのワインの容量（mℓ / 本）
× ワインを嗜む人の人数（人）
× ワインを嗜む人1人あたりの年間消費本数 ［本 /（人・年）］

《解き方のポイント》複雑な単位について

ここにきて［本/（人・年）］という複雑な単位が登場しました。これは「ワインを嗜む人1人あたりの年間消費本数」が「1人あたり」だけでなく「1年あたり」でもあって2つの単位の「単位量あたりの大きさ」になっているからです。

「1人あたりの消費本数（本/人）」を、さらに「年数（年）」で割って……

$$\frac{本}{人} \div 年 = \frac{本}{人} \times \frac{1}{年} = \frac{本}{人・年}$$

という単位になっているわけですね。
　一般に（A）という単位と（B）という単位の両方の「単位量あたりの大きさ」になっている数値の単位は……

$$\frac{\sim}{A・B} = {\sim}\diagup{(A・B)}$$

のように書きます。
「/」を使った表記に（　）が登場するのは、（　）を付けないとどこまでが分母かがわかりづらいからです。今後の例題でもこのタイプの単位が出てきますので、わからなくなったらこのページに戻ってきてください。

　さて、話を例題に戻します。再度モデル化したらなんとか数値が入れられそうですので次に進みましょう。

「⑤数値化&算出」です。

「ワインを嗜む人の人数」をどう考えるかがポイントになります。日本人のうち、ワインを嗜める 20 歳以上の割合を考えましょう。少子高齢化が叫ばれるようになって久しいので、日本人のうちの 20 歳以上は 80％ にしましょう。大雑把でいいんです。超大雑把。その中でさらに飲酒習慣がある人の割合は 50％ にします。これでおおよそ求まりそうです。

さて、次は「ワインを嗜む人 1 人あたりの年間消費本数」についてです。ワインを嗜む人が家だけでなく、レストランなどでも飲む量ですから月 1 本くらいは消費していることにしましょう。年間 12 本ですが、概算なので簡単のために 10 本とします。

これらの数値を先ほどのモデルに代入して計算すると……

日本のワインの年間消費量（mℓ / 年）
＝ 1本あたりのワインの容量（mℓ / 本）
× ワインを嗜む人の人数（人）
× ワインを嗜む人 1 人あたりの年間消費本数 ［本 / (人・年) ］

＝ 800（mℓ / 本）× 120,000,000（人）× 80％
× 50％× 10［本 / (人・年) ］

《解き方のポイント》大きな数の捉え方

　ケタの多い数を表す時は3ケタごとにコンマをつけます。これは英語が thousand（千）、million（百万）、billion（十億）、trillion（一兆）……と3ケタごとに呼称を変えるからです。

　一方、日本では万、億、兆……と4ケタごとに呼称を変えるのでコンマ表記を読みづらく感じている方もいるかもしれません。コンマの付いたケタの多い数を素早く読むコツは、**コンマ2つ（つまり0が6個）を百万と覚えてしまう**ことです。

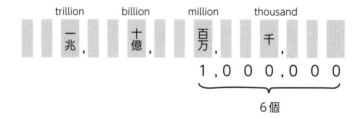

　そしてコンマごとに百万、十億、一兆と呼称を変えながら、

百　→　十　→　一

と数詞に付く数字が1ケタずつ小さくなっていくことを知っておけば、「一、十、百、千、万……」と指折り数える必要がなくなります。

　また、120,000,000のように0がたくさん続く数字は、10の累乗を使うと簡単に表記できて計算も楽です。

$$120,000,000 = 120 \times 10^{6}$$

このような書き方を数学では「**指数表記**」と呼びます。

　指数表記を利用して、先ほどの計算を進めましょう。また、80%は $\frac{4}{5}$、50%は $\frac{1}{2}$ と分数に直すとさらに簡単になります。大きな数は、単位を変えることも考えましょう。単位を変えればケタ数も変わります。

$$1,000,000\,(\text{m}\ell)\ = 1,000\,(\ell)\ = 1\,(\text{k}\ell)$$
$$\Rightarrow\ \ 1 \times 10^{6}\,(\text{m}\ell)\ = 1\,(\text{k}\ell)$$

mℓをkℓに変えれば0が6個取れますね。
さあ、計算です。

日本のワインの年間消費量（mℓ / 年）

$= 800(\text{m}\ell\,/\,\text{本}) \times 120 \times 10^6(\text{人}) \times \dfrac{4}{5} \times \dfrac{1}{2} \times 10\,[\,\text{本}\,/(\text{人}\cdot\text{年})\,]$

$= 384,000 \times 10^{6}\,(\text{m}\ell)$

$= 38\,\text{万}\,4000\,(\text{k}\ell)$

　答えが求まりましたね。最後に「**⑥結果とプロセスの検証・提示**」をしていきましょう。
　国内最大手のワインメーカーであるメルシャンが財務省関税

局や国税庁などの発表に基づいてまとめたデータを見ると、2020年度の国内消費量は34万7710kℓだったそうです。今回の結果もいい推定となりました。

　プロセスの検証に移ります。

　今回の問題は「**日本のワインの年間消費量**」でした。20歳以上の人が飲料用に消費する量を考えることにして、モデルの式は「1本あたりのワインの容量 × ワインを嗜む人の人数 × ワインを嗜む人1人あたりの年間消費本数」と考えました。

「1本あたりのワインの容量」はおおよそ800㎖。「ワインを嗜む人の人数」は、総人口の1億2000万人のうち、20歳以上を80%として、さらにその中でワインを嗜む人を50%にしました。「ワインを嗜む人1人あたりの年間消費本数」は月に1本程度と考えて年間では約10本としました。12ではなく10としたのは、計算を簡単にするためでしたが、結果としてそれがいい推定になったようです。

《解き方のポイント》「分解」の数を増やす
　最終目標は「日本におけるワインの年間消費量」ですが、具体的にイメージしやすい「自分（または友人、家族など）はワインをどのくらい飲むか」から考えます。そうしていくうちに、抽象化（モデル化）できてワインの消費量が何で決まるか（ワインの消費量が何の関数になっているか）が発見できるようになるでしょう。

イメージを膨らませる段階で多様な視点が必要になります。視点を変えてみたり、逆を考えてみたり……。1つの方法でうまく分解できなかったら別の方法を試します。

　そうやって考えをめぐらせながら要素の洗い出しをしてください。ここがうまくいけば、あとは計算だけだから難しくありません。

　前にも書いた通り、分解による要素の数が多くなればなるほど結論が正しい値から外れづらくなります。

《解き方のポイント》「モデル化」を再検討

　モデル化はできたけど、数字が入れられないということがあります。数値の推測が見当もつかないときには、別のモデルはないかと「変換・言い換え」をしてみたり、モデルを再分解したりしながら、よりよいモデルを考えていきます。

《解き方のポイント》推定量のカギは「肌感覚」

　あとは数値を決定していきます。「人口」や「1本あたりのワインの容量」など、知識として知っているものは、既知のデータとして利用しましょう。客観的視点の活用です。

　本問の場合、「ワインを嗜む人の割合」「ワインを嗜む人1人あたりの年間消費本数」、これは推定量です。ここでのポイントは「具体化」です。特に推定量を決めていくときには、自分の経験やまわりの人など、イメージがつく肌感覚を使って推定していきます。こちらは、主観的な視点でいいです。

モデル化の時点で、おおよその数値化の見通しはできていると思います。そのときにポイントになるのが、大胆な概算です。今回「20歳以上の割合を80％として計算する」としました。とてもアバウトに思えるかもしれませんが、このくらい概算でかまいません。とりあえず計算すること、答えを出すことです。

　あとは出た答えとプロセスを検証してみると、「ここまで大胆に概算してもいいんだ」という感覚になることのほうが多いと思います。もちろん、あまりに大きく外れてしまったときは、大胆すぎる部分があるかもしれないので、そこは改善して次に活かします。

《解き方のポイント》結果よりもプロセス重視

　結果について、たとえば途中を全部省いて「40万kℓくらいです」と言うだけでは、受け取る側は疑問が残るでしょう。どう考えてそういう数字になったのかという、数字の妥当性が感じられないと、説得力にも欠けます。

　また、別のモデルがつくれる可能性がないかを考えるのも大切です。合理的でありさえすれば、違うアプローチでも同じような結果になるはずです。ぜひ、プロセスを磨きあげていくという感覚を持ってください。1つの問題に対して、さまざまな方法を試し、ブラッシュアップしていくうちにフェルミ推定のスキルが磨かれていきます。

「概算センス」が磨かれる問題
1兆秒数え上げるには
どれくらいの時間がかかるか

　この問題を思いついたのは当時はまだ幼稚園児だった長女
（5歳）に「1兆ってどれくらいの大きさ？」と聞かれたこと
がきっかけでした。

　私自身、改めて聞かれるまでは「1兆」の大きさを考えたこ
となどありませんでした。そこで私は長女の前で次のように概
算をしてみました。

　「1秒につき1ずつ数えたとして（ケタが増えてくると追いつ
かないだろうけど）、1時間が3,600秒で1日が24時間だか
ら1日で約9万秒か。まあ10万までは数えられることにしよ
う。1年では3,650万ということだな……ってことは3年で
約1億まで数えられる。1兆は1億の1万倍だから……、おぉ
〜3万年もかかるのか！」とブツブツ言って1人で驚いたあと、
長女に言いました。

　「まったく眠らず、食事もとらずに、ただひたすら数えたとし
ても3万年くらいかかるよ」

　案の定「ええ〜〜〜〜っ！＼（◎o◎）／！」と、大い
に驚く長女。なかなかいいリアクションでした（笑）。

　私は娘を驚かすことができて満足でしたが、3万年というの

はたしかにすごい時間です。1兆というのはそれくらい大きな数なのですね。

「兆」という単位は、国家予算とか細胞の数とかで見ることがあるだけで普段ほとんど使わない単位です。いわんや「〇兆個」のものを目にする機会は滅多にありません。私たちが「兆」のスケールを実感できないのは無理もないことです。

ただし、「3万年って言われてもピンとこない」という人もいるでしょう。そんな人には「日本列島に私たちの祖先がやって来たのが約3万年前だよ」のように、「3万年」の「意味」を添えてあげるとより一層イメージがわきますね。

さて、この問題はフェルミ推定の入門題としてもいいと思います。数字の感覚が鍛えられると同時に、「**大胆な概算に慣れる**」ことの大事さがわかる問題です。

Q.1兆を時間に直すと何秒か?

1分は60秒、1時間は60分なので、1時間は60 × 60で3,600秒ですね。1日だと3,600 × 24秒です。

これを計算すると……

3,600（秒／時間）× 24（時間／日）= 86,400（秒／日）

正しくはこうですが、私が娘の前で計算したときはこんな風には計算していません。

　3,300 × 30 ならほぼ 10 万（99,000）。実際は 3,300 より大きい数（3,600）と 30 より小さい数（24）の掛け算だから大小が相殺して、やっぱり 10 万くらいと考えています。

　1 日は約 10 万秒とわかったので、さらに計算していきましょう。

　1 年は 365 日です。すると 3,650 万秒になりますが、これもざっくり概算します。3,650 万秒というのは切りが悪いので「3 年で約 1 億秒」と思うわけです。

　ちなみにちゃんと計算すると……

　3 年の秒数
　= 86,400（秒 / 日）× 365（日 / 年）× 3（年）
　= 94,608,000（秒）
　= 9,460.8 万（秒）

　3 年でだいたい 1 億秒というのは悪い概算ではありません。

　これで 1 兆が見えてきましたね。1 億を 1 万倍すれば 1 兆です。つまり、3 年の 1 万倍が 1 兆秒ですから……

$$3（年）≒1億（秒）$$
$$↓×1万$$
$$3万（年）≒1兆（秒）$$

とわかります。

　この問題でお伝えしたいことは2つあります。
　1つは、**大胆な概算の醍醐味**です。

　「3,600 × 24」を10万にしてしまったり、「3,650万 × 3」を1億にしてしまったりしています。言わば「**1ケタの概算**」を繰り返しているわけですが、こんなに大雑把でも、「1兆の大きさを体感してもらう」ための数字としては十分なものが得られます。

　先ほど、私が娘の前で行った概算を紹介しましたが、ああいう計算を暗算でできることのほうが、電卓を叩いて正確な値を出すことより楽しいと思いませんか？　この本を通じて、ぜひあなたにも「大胆な概算の楽しみ」を感じていただきたいです。

　そしてもう1つ、「**大きな数字**」はそのまま言っても伝わらない、ということも忘れないでください。

　大きな数をイメージしてもらうためには、本問の「1年あたりの秒数」のように大きな値を持つ「単位量あたりの大きさ」で測るなどの工夫が必要です。そうすれば大きな数にも意味が

出てきて、途端にわかりやすくなります。広い面積を「東京ドーム○○個分」と表現するのも同じ考え方です。

　また、大きな数は、ダウンサイジングしてイメージしてもらうという方法もあります。国家の財政を家計におき換えて考えたり、地球が 100 人の村だったら……などと考えたりするのがこの手法です。

　ダウンサイズの例として、宇宙の誕生から現在までの 138 億年を 1 年に縮めた「宇宙カレンダー」を紹介しましょう。

　宇宙カレンダーでは、哺乳類が出現した 2 億年前は 12 月 26 日で、文字が発明された 5,000 年前は大晦日の 23 時 59 分 49 秒、近代科学が幕を開けた 500 年前は同じく大晦日の 23 時 59 分 59 秒です。このようにすると 138 億年という宇宙の年齢がいかに途方もないかがよくわかります。

宇宙カレンダー		
1 月 1 日	←→	ビッグバン／宇宙誕生（138 億年前）
3 月 16 日	←→	銀河系誕生（110 億年前）
9 月 1 日	←→	太陽系誕生（46 億年前）
9 月 3 日	←→	地球誕生（45 億年前）
12 月 25 日	←→	恐竜出現（2 億 3000 万年前）
12 月 26 日	←→	哺乳類出現（2 億年前）
12 月 31 日		
23 時 52 分	←→	現生人類出現（20 万年前）
23 時 59 分 49 秒	←→	文字の発明（5,000 年前）
23 時 59 分 59 秒	←→	近代科学の開幕（500 年前）

例題 4 「数値化センス」が磨かれる問題
年末ジャンボ宝くじを積み上げると高さは天まで昇る?

　次の問題もとてつもなく大きな数が得られる問題です。出た答えには思わず驚くと思いますよ。

Q. 年末ジャンボ宝くじのくじをすべて積み上げるとどのくらいの高さになるか?

　手順①～④をいっきに行いましょう。
　フェルミ推定の超基本公式に則り、問題を分解すると最初のモデル化までは比較的簡単に進むでしょう。

単位量あたりの大きさ:宝くじ1枚あたりの厚さ
単位数:総発行枚数

　よって、次のようなモデルができあがります。

全宝くじを積み上げたときの高さ（m）
　= 宝くじ1枚あたりの厚さ（m/ 枚）× 総発行枚数（枚）

　ただ、このままでは数値が入りづらいですね。
　そこで再び「③分解」に戻って「総発行枚数」を「1人あた
りの宝くじの購入枚数」と「宝くじを買う人の人数」に分解し
ましょう。

　さらに「宝くじを買う人の人数」は、割合を使って「人口×
宝くじを買う人の割合」とします。

　再度「④モデル化」してみましょう。

全宝くじを積み上げたときの高さ（m）
　= 宝くじ1枚あたりの厚さ（m/ 枚）
　× 1人あたりの宝くじの購入枚数（枚 / 人）
　× 人口（人）× 宝くじを買う人の割合

「⑤数値化＆算出」しましょう。
　まずは「宝くじ1枚あたりの厚さ」です。ただ、宝くじ1枚
あたりの薄さがパッとわかる人は少ないと思います。経験から
うまく推定したいところです。

　100万円の札束ならテレビなどで見たことがあるのではない
でしょうか。あの札束が1cmぐらいの厚さだと想像します。さ

らに札束 100 枚と宝くじ 100 枚の厚さがだいたい同じと考え
てみます。すると、宝くじ 1 枚あたりの厚さは……

$$1（cm）÷100（枚）＝0.01（cm／枚）＝0.0001（m／枚）$$

ですね。小数点以下が長すぎて読みづらいという場合は、指数
表記（113 ページ）を使って次のように書くこともできます。

$$1×10^{-4}（m／枚）$$

ちなみに 10^{-4} というのは $\frac{1}{10^4}$ という意味です。

　次に「1 人あたりの宝くじの購入枚数」を考えます。これは
自分や自分のまわりの人を具体的にイメージしてみましょう。
宝くじを 1 枚だけ買う人ってあまりいませんよね。たいてい
10 枚 1 組で買うのではないでしょうか？

　ボリュームゾーンとしては「連番 1 組とバラ 1 組」の 2 組で
計 20 枚を買う人が多そうに思えるので、「1 人あたりの宝く
じの購入枚数（枚／人）」は **20（枚／人）** としましょう。

　人口は既知のデータとして **1 億 2000 万人** を使います。

　最後に「宝くじを買う人の割合」です。
　ロト 6 なども含めて毎週のように宝くじを買う人は、あなた
のまわりにどれくらいいるでしょうか？　だいたい 10 人に 1
人よりはちょっと少ないくらいで、人口の数％くらいと予想し
ます。

ただし、今回は年末ジャンボ宝くじです。普段は買わなくても年に一度は夢を買う、という人は結構多いのではないでしょうか？　そこで普段の倍よりちょっと多いくらい、国民全体では 20%の人が買うと考えます。

　以上をふまえて、モデルの式に入れて計算します。

全宝くじを積み上げたときの高さ（m）
= 宝くじ1枚あたりの厚さ（m/ 枚）
× １人あたりの宝くじの購入枚数（枚 / 人）
× 人口（人）× 宝くじを買う人の割合

= 0.0001（m/ 枚）× 20（枚 / 人）
×1億2000万（人）× 20%
= 1×10^{-4}（m/ 枚）× 20（枚 / 人）× 1.2×10^{8}（人）× 0.2
= 4.8×10^{4}（m）
= 48（km）

なんと、48kmもの高さになることがわかりました。
ちなみに上の式では下記のように指数表記を使っています。

$$0.0001 = 1 \times 10^{-4}$$
$$1億2000万 = 120,000,000 = 1.2 \times 10^{8}$$

また、単位変換も使いました。

$$4.8 \times 10^4 \, (m) \; = 48,000 \, (m) \; = 48 \, (km)$$

まずは、「正しい値」を調べてみましょう。

もちろん「全宝くじを積み上げる」なんてことを実際に行ったデータはありませんが、「総発行枚数」なら調べられます。2022年の年末ジャンボ宝くじは23ユニット発行されました。1ユニットは2,000万枚なので、計4.6億枚発行されたことになります。

先ほどの推定では、総発行枚数は……

20（枚／人）×1億2000万（人）×20％＝4.8億（枚）

としましたのでかなり近いですね。

計算してみると「全宝くじを積み上げた高さ」は48kmというものすごい高さになることがわかりました。気象衛星「ひまわり」が地上36kmの高度ですから48kmはそのはるか上空です。

ちなみに、年末ジャンボ宝くじの1等は1ユニットすなわち2,000万枚の中に1枚しかありません。2,000万枚の宝くじを積み上げると、どれくらいの高さになるでしょうか？

先ほどと同様の計算を行ってもよいですが、「0.0001×20,000,000」という計算は面倒なので、少し違ったアプローチをしてみましょう。100枚で1cmという事実を使っていきます。

.

$$200（枚）なら100（枚）×2（cm／枚）\Rightarrow\quad2\,cm$$
$$300（枚）なら100（枚）×3（cm／枚）\Rightarrow\quad3\,cm$$

……ですから、2000万枚が100枚の何倍かを考えます。

$$2,000万（枚）÷100（枚）=20万$$

……より、2,000万枚は100枚の20万倍です。つまり2,000万枚は20万cmに相当します。

$$20万（cm）=200,000（cm）=2（km）$$

　なので1ユニットの2,000万枚を積み上げると2kmの高さになります。東京タワー（333m）なら7本分くらい、富士山なら5合目くらいですね。1等が当たるというのは、その高さに積み上げられた宝くじの中からたった1枚を引きあてるということです。人が一生の間に局地的な隕石や小惑星の衝突で死亡する確率（160万分の1）のほうがずっと高いのもうなずけます。

「検証センス」が磨かれる問題
マイバッグ持参で節約、意外すぎる年間の金額

　数値化すると意外な結果になることがあります。今回のフェルミ推定の問題もそれにあたるかもしれません。やさしい問題ですので、まずは答えを見ずに取り組んでみてください。

Q．レジ袋を買わずにマイバッグ持参、
1年でいくら節約できるか?

「①情報の整理」「②具体化」をしましょう。

　スーパーやコンビニでレジ袋を頼むとだいたい３円、大きいサイズなら５円かかることもありますね。マイバッグを持参するとその費用をかけずにすむので、その分節約になります。マイバッグを持参することによって年間どれだけ節約できるかは、１年でどれくらい買い物をするか、その回数がポイントになりそうです。

「③分解」を考えていきます。

　超基本公式にあてはめてみましょう。問われている「１年で節約できる金額」を総量として、これを「単位量あたりの大きさ×単位数」で分解するとどうなるでしょう。

　単位量あたりの大きさ：買い物１回あたりの節約できる金額
　単位数：年間の買い物回数

129

ただこれでは数字が入りづらいので、超基本公式を使ってもう少し分解しておきましょう。「買い物 1 回あたりの節約できる金額」は次のように分解できます。

買い物 1 回あたりの節約できる金額 (円 / 回)
= 買い物 1 回あたりのレジ袋の枚数 (枚 / 回)
× レジ袋 1 枚あたりの金額 (円 / 枚)

　次に「年間の買い物回数」の分解ですが、こちらの単位量は次の 2 通りが考えられます。

〈単位量が 1 日の場合〉
　年間の買い物回数 (回 / 年)
= 1 日あたりの買い物回数 (回 / 日)
× 年間の日数 (日 / 年)

〈単位量が 1 週の場合〉
　年間の買い物回数 (回 / 年)
= 1 週あたりの買い物回数 (回 / 週)
× 年間の週数 (週 / 年)

　買い物には日に何度も行くわけではないので、「1 日あたりの買い物回数」はかえってイメージがしづらいですね。そこで「1 週」を単位量にしたいと思います。

以上をまとめて「④モデル化」しましょう。

1年で節約できる金額 (円 / 年)
= 買い物1回あたりのレジ袋の枚数 (枚 / 回)
× レジ袋1枚あたりの金額 (円 / 枚)
× 1週あたりの買い物回数 (回 / 週)
× 年間の週数 (週 / 年)

「⑤数値化＆算出」をしましょう。

　買い物事情は家庭によってそれぞれ。千差万別ですが、身近な視点として筆者の場合で考えます。私が1回の買い物で使用するレジ袋は、ほとんどの場合が1枚。しかもサイズは普通サイズなのでレジ袋1枚あたりの金額は3円とします。

　次に1週あたりの買い物の回数を考えます。私は4人家族で自営業です。私が担当しているのは主に日用品の買い出しです。食材は基本的に妻が買ってきてくれます。

　そんな私が1週間のうちに買い物に行く回数は……

コンビニ……1回
ドラッグストア……3回
スーパー……0.5回
その他（ショッピングモールや八百屋等）……0.5回
→計5回

また、1年は52週ですが、概算ですので**50週**として計算しましょう。値が出揃いました。

> 1年で節約できる金額（円／年）
> ＝ 買い物1回あたりのレジ袋の枚数（枚／回）
> ×レジ袋1枚あたりの金額（円／枚）
> ×1週あたりの買い物回数（回／週）
> ×年間の週数（週／年）
>
> ＝1（枚／回）×3（円／枚）×5（回／週）×50（週／年）
> ＝750（円／年）

「⑥結果とプロセスの検証・提示」です。

年間でレジ袋にかかる金額は750円だと推定されました。「たったそれだけ？」と意外に思われたでしょうか？

実際の正しい値を調べてみます。

環境省の2020年の試算によるとレジ袋の流通量は年間20万トンだったそうです。レジ袋の重さはだいたい6.25〜10g（約7g）なので、300億枚ぐらいが流通したと考えていいでしょう。買い物をする人口を約1億人と考えると、1人あたり年間300枚程度流通している計算になります。上の計算では1人あたり250枚になるので、いい推定だと言えそうです。

1年の節約費が750円とすると、たとえば1,500円ぐらいのマイバッグを買ったら2年ぐらい使い倒さないともとがとれ

ないですね。節約という一面だけを見るとマイバッグは荷物になるストレスのほうが大きいな、と思われるかもしれません。

　しかし、マイバッグは節約ばかりではなく「プラスチックを使わないという環境保護」「製造に必要な資源の節約」「ゴミの削減」などの意義もあります。それぞれについてのマイバッグの効果を見積もってみるのもよい練習問題になるでしょう。

　フェルミ推定はマイバッグを持参するかどうかについても、自分なりの判断の根拠を与えてくれます。

　このように、フェルミ推定では**結果の検証を通じて新しい気づきが得られる**ことは少なくありません。

　単に正しい値に近かった、遠かったというゲーム感覚を楽しむだけではなく（もちろんそれもいいのですが）、**数字が示してくれる物語を感じとれる**ようになれば、フェルミ推定の価値はますます高まると言えるでしょう。

例題 6 「説明センス」が磨かれる問題
食洗機で家事を時短、わかった人から得をする!

費用対効果を表す言葉に「コスパ」がありますが、最近では時間対効果を意味する「タイパ」(タイムパフォーマンスの略語)という言葉もよく聞きます。忙しいビジネスパーソンにとって時間を効率よく活用することは大切なことです。次の問題はまさしくタイパの度合いが問われています。

Q. 食洗機で家事を時短、1年間でどのくらい得するか?

いっきに手順の①~③をしましょう。

食洗機とは、食器洗いを自動で行う機器のことです。これを使えば毎回の食器洗いが時短されます。余談ですが、令和の現代人に欠かせない「新・三種の神器」は、「ドラム式洗濯機」「ロボット掃除機」そして「食洗機」だとか。

さて、この問題のポイントは、どのようにしてお得感を示すかです。家事の時間が短縮されることの「お得」を表現したいなら、浮いた時間によってどれだけ稼げるかを金額で示すのが一番単純だと思います。

ここでは「食洗機で短縮できる1年あたりの時間」と「自身の時給」を組み合わせて「得する金額」を出しましょう。

まずは、超基本公式（総量＝単位量あたりの大きさ×単位数）から次のようにモデル化します。

食洗機の時短によって得する年間の金額（円 / 年）
= 時給（円 / 時間）
× 食洗機で短縮できる 1 年あたりの時間（時間 / 年）

時給はすぐに出せそうですが、「食洗機で短縮できる 1 年あたりの時間」はもう少し分解する必要がありそうです。たとえば次のようにします。

食洗機で短縮できる1年あたりの時間（時間 / 年）
= 食洗機で短縮できる1回あたりの時間（時間 / 回）
× 1日あたりの食器洗いの回数（回 / 日）
× 1年の日数（日 / 年）

以上をまとめて「④モデル化」します。

食洗機の時短によって得する年間の金額（円 / 年）
= 時給（円 / 時間）
× 食洗機で短縮できる 1 回あたりの時間（時間 / 回）
× 1日あたりの食器洗いの回数（回 / 日）
× 1年の日数（日 / 年）

次に「⑤数値化＆算出」していきます。

　1人暮らしか、4人家族かなど、家庭によって食器洗いにかかる時間は変わりますが、手洗いの場合は**1回20分**ぐらいかかると推定します。食器洗いの回数は（昼食は外で食べるという家庭も多いので）、**1日2回**ほどでしょうか。

　食洗機を使う場合でも、ひどい油汚れや食べ残しなどは軽く水洗いする必要があります。また、食器をセットする時間もあるので**1回5分**はかかるとします。

　つまり「食洗機で短縮できる1回あたりの時間」は「20 − 5 = 15（分／回）」です。単位を時間に直すと……

$$\frac{15}{60} = \frac{1}{4}（時間／回）$$

　時給については年収をベースに考えます。年収はもちろん個人差がありますが、ここでは**400万（円／年）**をもとに計算します。就業時間は、1日8時間勤務で、休日を除いた年間250日勤務だとすると……

$$8（時間／日）\times 250（日／年）= 2{,}000（時間／年）$$

となるので、年間2,000時間です。これをもとに年収を下のように時給に換算すれば、**2,000円**ですね。

$$400万（円／年）\div 2{,}000（時間／年）= 2{,}000（円／時間）$$

「1年の日数」は365（日／年）ですが、計算しやすいように概算で400（日／年）としましょう。

さあ、数値が出揃ったので、モデルの式に入れていきます。

食洗機の時短によって得する年間の金額（円／年）
= 時給（円／時間）
× 食洗機で短縮できる1回あたりの時間（時間／回）
× 1日あたりの食器洗いの回数（回／日）
× 1年の日数（日／年）

$$= 2{,}000（円／時間）× \frac{1}{4}（時間／回）× 2（回／日）× 400（日／年）$$

$$= 400{,}000（円／年）= 40万（円／年）$$

「⑥結果とプロセスの検証・提示」をしていきます。

食洗機で時短した時間と、時給から食洗機で得する金額を40万円と導きました。浮いた時間をすべて仕事にあてればこれだけ多く稼げることになります。

もちろん自己投資とかリフレッシュにあてて、間接的に生産性を上げることもあり得るので、お金で計れない部分もあるとは思います。ただ、お金で表すとわかりやすいのは確かです。

今回のフェルミ推定のモデルは「時短したことに対する得」を表しています。汎用性が高く、時間節約による得は何でも同じように推定できるでしょう。

「多様な視点センス」が磨かれる問題
会社のペーパーレス化、 推定してわかる思わぬコスト

　経営者にとってコストカットは常に優先すべき課題ですが、どこから手をつけるべきか、悩むこともあるでしょう。

　そんなときこそフェルミ推定です。

　たとえば、ペーパーレス化を断行したら、いったいどれくらいのコストカットになるのかを推定してみましょう。

Q. 社員数100人の会社で「ペーパーレス化」、 年間のコストカットはいくら？

　「①情報の整理」と「②具体化」をして、仮説を立てましょう。

　ペーパーレス化によるコストカットで真っ先に想像できるのは紙代でしょう。しかし、それだけではなさそうです。トナー代や機材代、印刷関連業務にかかる人件費もあります。

　さらに、用紙をストックしておくための場所も必要なので保管場所の賃料も含まれるでしょう。

　ただし、コストの推定をする際、供給側に立ってしまうと「紙代、トナー代、減価償却（あるいはリース料）、電気代」などがあってわかりづらいので、需要側で考えてみることにします。

「③分解」をしましょう。

「ペーパーレス化によるコストカット」を超基本公式（総量＝単位量あたりの大きさ×単位数）に則って分解します。「単位量あたりの大きさ」が「1人あたりの印刷コスト」、「単位量」が「社員数」になりますね。さらに「紙の保管室の賃料」も含めることにしましょう。

とりあえずの「④モデル化」は、次のようになります。

ペーパーレス化によるコストカット（円／年）
＝ 1人あたりの年間の印刷コスト［円／（人・年）］
× 社員数（人）
＋ 年間の紙の保管室の賃料（円／年）

ただし「1人あたりの年間の印刷コスト」はわかりづらいので、さらなる「③分解」を試みます。

「1人あたりの年間印刷コスト」を次のように分解してみました。

1人あたりの年間の印刷コスト［円／（人・年）］
＝｛1人あたりの1日の印刷枚数［枚／（人・日）］
　　× 1枚あたりの印刷コスト（円／枚）
　　＋ 1人あたりの1日の印刷業務人件費［円／（人・日）］｝
× 就業日数（日／年）

「印刷業務人件費」というのはプリントアウト、ホチキス留め、ファイリング、紙やトナーの補充……といった印刷にかかわる業務の人件費です。ペーパーレス化すれば、これもコストカットできるでしょう。

　ただ、この費用をどう見積もるかはちょっと考える必要がありそうです。そこで、1日のうち、印刷関連業務に費やす時間と時給から次のように計算してみましょう。

　1人あたりの1日の印刷業務人件費［円/（人・日）］
　= 時給（円/時間）
　× 1人あたりの1日の印刷業務時間［時間/（人・日）］

また、「年間の紙の保管室の賃料（円/年）」は……

　年間の紙の保管室の賃料（円/年）
　= 紙の保管室の1カ月あたりの賃料（円/月）
　× 1年間の月数（月/年）

でいいですね。

　以上をまとめて「④モデル化」します。最終のモデルは次の通り。

ペーパーレス化によるコストカット（円 / 年）
= ｛1人あたりの1日の印刷枚数 ［枚 /（人・日）］
　　 × 1枚あたりの印刷コスト（円 / 枚）
　　 + 時給（円 / 時間）
　　×1人あたりの1日の印刷業務時間 ［時間 /（人・日）］｝
× 就業日数（日 / 年）× 社員数（人）
+ 紙の保管室の1カ月あたりの賃料（円 / 月）
× 1年間の月数（月 / 年）

今回はだいぶたくさんの要素に分解できましたね。

さて、次は「⑤数値化＆算出」です。
「1人あたりの1日の印刷枚数」は業種によって全然違うと思
いますが、ざっくり1人 10（枚 / 人）とします。

「1枚あたりの印刷コスト」は考えをめぐらす必要がありそう
です。需要側で考えてみましょう。ヒントになるのはコンビニ
の料金体系です。たいていは白黒印刷が 1 枚 10 円だと思いま
す。カラーだと 1 枚 50 円で、安くても 1 枚 30 円といったと
ころでしょうか。会社で印刷する時はカラーも白黒も両方あり
ますからざっくり平均 20（円 / 枚）にしましょう。

「時給」は、例題 6 と同じく年収 400 万円を基準にして算出
して 2,000（円 / 時間）とします。

　1 日のうちに 1 人の社員が印刷関連業務に費やす時間は、立
場によって大きく違うかもしれませんが、平均すると数分程度
ではないでしょうか？　そこで、簡単のために 6 ［分 /（人・日）］

と考えて、下記のようにします。

$$1人あたりの1日の印刷業務時間 [時間 / (人・日)]$$
$$= \frac{6}{60} = \frac{1}{10} [時間 /(人・日)]$$

「紙の保管室の賃料」は、都内一等地のオフィスを想定して月額 10 万円としました。

以上のすべてを最終モデルの式に入れます。

ペーパーレス化によるコストカット (円 / 年)
= ｛ 1人あたりの1日の印刷枚数 [枚 / (人・日)]
　　× 1枚あたりの印刷コスト (円 / 枚)
　　＋ 時給 (円 / 時間)
　　×1人あたりの1日の印刷業務時間 [時間 / (人・日)] ｝
× 就業日数 (日 / 年) × 社員数 (人)
＋ 紙の保管室の1カ月あたりの賃料 (円 / 月)
× 1年間の月数 (月 / 年)

$$= \{10\,[枚/（人・日）]\times 20\,（円/枚）$$
$$+2{,}000\,（円/時間）\times \frac{1}{10}\,[時間/（人・日）]\}$$
$$\times 250\,（日/年）\times 100\,（人）$$
$$+100{,}000\,（円/月）\times 12\,（月/年）$$
$$= 10{,}000{,}000\,（月/年）+1{,}200{,}000\,（月/年）$$
$$= 11{,}200{,}000\,（月/年）$$
$$\fallingdotseq 1{,}000\,万\,（円/年）$$

社員100人の会社でペーパーレス化をすれば、**年間1000万円程度**はコストカットができそうです。

「**⑥結果とプロセスの検証・提示**」をしていきましょう。

まず「紙の保管室」がなぜ必要かと思われるかもしれませんが、1人10枚印刷するとしたら社員数100人では1日1,000枚です。1カ月3万枚、半年で18万枚。もし、半年分をストックするなら500枚入りの段ボール360箱分になるので、専用の部屋が必要でしょう。

この問題のポイントは「**③分解**」における**さまざまな視点**です。

おそらく最初につまずくのは「1枚あたりの印刷コスト」をどう考えるかだと思います。最初は供給側の視点で考えがちではないでしょうか。でもそれでは「印刷機を用意」して、「インクと紙を用意」したらどれくらいかかるかな、と想像が始まりますが、「トナー代は知らないな……」と行き詰まると思います。

でも、自分がサービスを受ける側「需要側」の視点に立てば、具体的な数字にまで落とし込むことができるでしょう。白黒なら1枚10円は普通かな、1枚5円もたまにあるなあ、1枚3円のところはなくなったな……などと考えながら、白黒1枚のコストとして5円が許される最低ラインかなと想像する。カラーも同じように考えて、白黒カラー両方の平均をとって20円という数字が出るわけです。

　また「印刷業務人件費」をどう見積もるかも腕の見せどころでした。例題6での経験などを活かして、かかわる時間の時給で換算できるようなっていれば、ワンランク上のレベルにあると思っていいと思います。

　さらに本問は、今までで一番要素が複雑になりました。掛け算だけでなく、足し算もありましたし、∣ ∣ も使う必要がありました。単位などに注意して正しいモデル（式）をつくるいい練習になったと思います。

> 例題
> 8
> 「変換センス」が磨かれる問題
> ## 業界の規模感が見えてくる！
> ## ジーンズの市場規模

　本問は耐用年数を利用する問題です。

　たとえば飲料水や保存食を、いざというときのために常備している家庭は多いと思います。洋服や靴も季節や用途に合わせて（あるいはクリーニングに出すこと等を考えて）複数のアイテムを常にストックするのは普通でしょう。

　では、このように通常はストックされる商品の市場規模を推定したい場合は、どのように考えればいいのでしょうか？

　あえて難しい言い方をすると「**耐用年数を使ってストックをフローに変換する**」のがポイントです。詳しく説明します。

Q. ジーンズの国内市場規模を求めよ

「**①情報の整理**」「**②具体化**」「**③分解**」を行います。

　市場規模なので、ジーンズの取引額を問われていると考えます。日本国内で、年間に購入されるジーンズの数量と単価から推定できるでしょう。

　そこでまずは次のように「**④モデル化**」してみます。

ジーンズの市場規模 (円 / 年)
＝ 1人あたりの年間購入数 ［本 / (人・年)］
× 人口 (人) × 単価 (円 / 本)

　問題は「1人あたりの年間の購入数」どのように推定するか
です。具体的に想像してみましょう（②具体化）。
　たとえばジーンズを1本しか持っていない人は、何年おきく
らいに買い換えるのでしょうか？　同じくジーンズを10本
持っている人は毎年何本買い換えるでしょう？

　これを考えるには、ジーンズが何年でダメになるか、すなわ
ちジーンズの「耐用年数」に注目する必要がありそうです。耐
用年数とストックしておきたい数から毎年の購入数を割り出す
ために、次の例で考えてみます。

　非常時に備えて、毎年6本のペットボトルを買う家庭がある
としましょう。ただし、この水の耐用年数（賞味期限）は2年
です。

　耐用年数が2年なので昨年買った6本はまだ飲めます。しか
し、一昨年買った6本は賞味期限が切れたので捨てます。も
ちろん3年以上前に買った水はすでに捨てたので残っていませ
ん。つまり、今年新しく6本買った時点で、家庭にストックさ
れるペットボトルの水は昨年買った6本と今年買った6本の計
12本です。

毎年２本買う家庭ではどうでしょうか？　同じように考えると今年新しく２本買った時点で、昨年買った２本と合わせて計４本がストックされることになります。

　では、もし水の耐用年数（賞味期限）が３年だったらどうでしょう？　毎年６本買う家庭では、今年買った時点で、昨年と一昨年の分が残っているはずですから、ストックは計18本になります。同様に毎年２本買う家庭では、ストックは計６本ですね。

　以上の具体例から、保有数（ストックされる数）と耐用年数と年間購入分の間には次の関係があることがわかります。

保有数 ＝ 年間購入数 × 耐用年数

　この式から、次の式が成り立つこともわかります。

年間購入数 ＝ 保有数 ÷ 耐用年数

　さて、これを利用して「１人あたりの年間の購入数」を考えると次のように分解できます（**③分解**）。

１人あたりの年間購入数［本／（人・年）］
＝ １人あたりの保有数（本／人）÷ 耐用年数（年）

　以上より、次の式を最終のモデルとします（**④モデル化**）。

ジーンズの市場規模（円／年）

　=　1人あたりの保有数（本／人）÷ 耐用年数（年）

　×　人口（人）× 単価（円／本）

「⑤数値化＆算出」しましょう。

「1人あたり保有数」は、だいぶ幅があると思いますが、国民全体の平均は3本くらいでしょうか。

「耐用年数」は、5、6年といったところだと思いますが、計算を楽にするために6年にしておきましょう（$3 ÷ 6 = \frac{1}{2}$ となって計算が楽です）。

　こう書くと「計算を楽にするため」なんて理由で勝手に6年にしていいのか、という意見もあるかもしれませんが、今回は市場規模のざっくりとした推定ですし、「ケタ違いでなければいい」という精神で行う概算ですから暗算できる便利を優先します。

「人口」は、いつも通り1.2億人です。

　ジーンズの「単価」はリーバイスやエドウインなどのブランドは7,000〜8,000円、ノンブランドは3,000円くらいでも買えますので平均は5,000円としておきましょう。

　モデルの式にこれらの数値を入れます。

ジーンズの**市場規模**（円 / 年）
= １人あたりの保有数（本 / 人）÷ 耐用年数（年）
× 人口（人）× 単価（円 / 本）

= 3（本 / 人）÷ 6（年）× 1.2 億（人）× 5,000（円 / 本）
= 3,000 億（円 / 年）

ジーンズの市場規模は、年間 3,000 億円とわかりました。

「⑥結果とプロセスの検証・提示」です。
「正しい値」を調べてみました。
　少し古いデータですが、2015 年に市場調査会社 NPD が発表した「ジーンズ購買動向」によると日本国内のジーンズの市場規模は、1,018 億円となっています。

「3,000 億円」という推定は少しズレてしまいましたが、ケタ違いではなかったです。赤ちゃんからお年寄りまで国民全体で考えた場合の１人あたりの保有数が 3（本 / 人）というのはちょっと多すぎたかもしれません。

　今回の推定の最大のポイントは、**保有数を耐用年数で割ってあげること**で、「持っている」という言わば定常状態（ストック）を「買う」という**行動（フロー）に変換**できた点です。フローであれば動きが想像できるので、数値も入れやすくなります。

「モデル化センス」が磨かれる問題
離れて暮らす2人が、
たまたま同時に月を見る確率

　フェルミ推定は「総量」を求めるだけではありません。「確率」
も推定できます。今回の問題は次のようなロマンチックな問題
です。

Q. 離れて暮らす恋人どうしが、
たまたま同時に月を見る確率は?

「①情報の整理」を行いましょう。

　郷ひろみさんの歌で、TOKIO がカバーしたことでも人気が
再燃した『よろしく哀愁』に

「会えない時間が愛を育てるのさ
　目をつぶれば君がいる」

という歌詞があります（作詞：安井かずみ 作曲：筒美京平）。

　離れて暮らす恋人どうしは「今頃どうしているかな?」と物
思いにふけりながら、ついつい夜空などを見上げてしまうもの
です。そんなとき電話や LINE で直接「今、月見てる?」な
どと聞いてしまっては、野暮というもの。「この月をあの人も
見ているかな?」と想像することが、恋心を育てるのです。

　問題では確率を問われていますのでおさらいをしておきましょう。たとえば「サイコロで5の面が出る確率はいくつか」と言われたら6分の1だとわかりますね。

　確率は次の式で求まります。

$$確率 = \frac{部分}{全体}$$

　本問の分解では「全体」や「部分」が何になるかを考えていきます。

「②具体化」「③分解」を行います。

　まず確率の式の分母になる「全体」は何かを考えましょう。そもそもですが、月が見られるのは「起きている間に月が出ている時間」になります。これが「全体」です。

　次に、確率の式の分子にあたる「部分」ですが、今回は「恋

人どうしが同時に月を見ている時間」になりますね。

　２人が月を見ている時間の重なり方がポイントです。
　ＡさんとＢさんの２人が月を見ているとして、Ａさんが見始
めたのと同時にＢさんも見始めて、Ａさんが見終わるときに
Ｂさんも見終わるというように完全に重なっていれば、２人は
同じ時間、ずっと月を見ていたことになります。恐ろしいほど
の以心伝心です（笑）。

　しかし、Ａさんが見終わるギリギリのときにＢさんが見始め
る、これでも一瞬は同時に見たことになります。ＡさんとＢさ
んが見ている時間がダブる確率は２人の見ている時間が一部し
か重ならないケースも考えて幅を持たせて考えましょう。

　今回はＡさんを基準にして考えます（Ｂさんを基準にして
も同じ結論です）。Ａさんが月を見ている時間の３倍の間に一
瞬でもＢさんが月を見ていれば、２人は同時に月を見たことに
なります（下の図参照）。

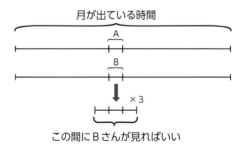

この間にＢさんが見ればいい

　さらに大事なポイントが、どのくらいの時間、月を見ている
かです。これは物思いにふける恋人たちがどれくらいロマン
チックな気分になっているかで変わってくると考えます。

　特に恋愛中ではない、つまりロマンチックな気分になってい
ない人が、夜空を見上げて月を見る場合は、せいぜい「綺麗な
月だな」と思う程度で、月を見てため息をつくことは少ないで
しょう。

　でも、恋い焦がれる人がいて「あの人に会いたい」というロ
マンチックな気分が高まっているときには、ついつい長い時間、
月を見てしまうような気がします。

　そこで、私はこの推定に「ロマンチック指数」というものを
導入することを考えました。

　以上をふまえて「④モデル化」しましょう。

離れて暮らす恋人がたまたま同時に月を見る確率（％）

$$= \frac{\text{普通の人が月を見る時間（秒）} \times \text{ロマンチック指数} \times 3}{\text{起きている間に月が見える時間（秒）}}$$

　さて、モデル化ができたので「⑤数値化＆算出」します。
　まずは分母である「起きている間に月が見える時間」からい
きましょう。
　空が明るいと月が出ていても見えないので、就寝時間を深夜

0時に設定した場合は、日が沈む夕方の6時頃から深夜0時までの約**6時間**が「起きている間に月が見える時間」の最大値になります。

ちなみに、理科の知識が必要ですが、夕方の6時から深夜0時までずっと月が見えるのは、月の月齢が7日（上弦の月）〜15日（満月）の間です（たとえば、三日月は夕方西の空に見えますが、日没の2時間後くらいには沈んでしまいます）。

分母の最大値の時間を秒に直しましょう。

$$6（時間）＝6 \times 60 \times 60（秒）$$

です（掛け算のまま残してあるのは後で約分することを目論んでいるからです）。

次に分子の「普通の人が月を見る時間×ロマンチック指数」についてです。「普通の人」は、特にロマンチックな気分になっているわけではない人ですから、月を見上げている時間はせいぜい**10秒**くらいかなと思います。

次に「ロマンチック指数」です。非常に感傷的になっているとすれば、かなり長い時間月を見つめてしまうかもしれません。ここでは普通の人の30倍になると考えて「ロマンチック指数」は**30**としました。

以上をモデルの式に入れて計算したいと思います。

離れて暮らす恋人がたまたま同時に月を見る確率（%）

$$= \frac{\text{普通の人が月を見る時間（秒）} \times \text{ロマンチック指数} \times 3}{\text{起きている間に月が見える時間（秒）}}$$

$$= \frac{10\text{（秒）} \times 30 \times 3}{6 \times 60 \times 60\text{（秒）}} = \frac{1}{24} = 0.041\cdots \fallingdotseq 4\%$$

約4％ですね。

「⑥結果とプロセスの検証・提示」です。

ロマンチック指数が大きければ当然、確率は上がりますし、月が出ている時間が短い三日月のときも、分母が小さくなって確率が上がることになります。

また、推定値は4％ですのでロマンチック指数が30の100組のカップルのうち4組は、同時に月を見る、そんな甘酸っぱい夜を過ごしているわけです。

今回のモデル化のポイントは「ロマンチック指数」というユニークな数値を導入したことです。これは私の勝手な思いつきでつくったものですが、今回の例題のように「人によってだいぶ違うなあ～」「ケースバイケースだしなあ」と思える問題でも、そこで諦めてしまうのではなく、「変動」を表す数値を入れて計算を進めるのは大事なことだと思います。

フェルミ推定の中級者以上になったら、あなたもぜひオリジナルの「～指数」を考えてみてくださいね。

「分解センス」が磨かれる問題
職場にいる時間と自宅にいる時間、長いのはどっち?

フェルミ推定の問題には、パッと見てなんとなくわかりそうだけど、解き始めるとやりづらさを感じるものもあります。今回の例題はそんな問題です。

Q. 社会人になってから退職するまで、職場にいる時間と自宅にいる時間、どちらが長い?(寝ている時間は除く)

手順①〜④をいっきに行います。
「職場にいる時間」と「自宅にいる時間」をそれぞれ計算して、差を求めましょう。

「職場にいる時間」は簡単ですね。
「平日に職場にいる時間」と「年間労働日数」「社会人の年数」から計算できそうです。

職場にいる時間 (時間)
= 平日に職場にいる時間 (時間 / 日)
× 年間労働日数 (日 / 年)
× 社会人の年数 (年)

次は「自宅にいる時間」です。ただし、睡眠時間は除きます。平日と休日で自宅にいる時間は大きく変わるので、次のように分解したほうがいいでしょう。

　自宅にいる時間（時間）
　＝｛平日に自宅にいる時間（時間／日）
　　　× 年間労働日数（日／年）
　　　＋ 休日に自宅にいる時間（時間／日）
　　　× 年間休日日数（日／年）｝
　× 社会人の年数（年）

「平日に自宅にいる時間」と「休日に自宅にいる時間」をどうやって計算するかが、この問題の最重要ポイントです。それぞれ分解してモデル化しましょう。

「平日に自宅にいる時間」は 24 時間から「労働時間」「昼休憩」「通勤時間」「睡眠時間」を引きます。

　ただ、帰宅途中に飲みに行ったり、付き合いがあったり、買い物に行ったり……など、寄り道することもありますよね。その寄り道の頻度を「寄り道率」とします。

　毎日寄り道するなら寄り道率は 100％、2 日に 1 回寄り道するなら寄り道率は 50％です。ちなみに寄り道率を 1 から引くと「在宅率」になります。

例）寄り道率 100%　　→　　在宅率 0%
　　　寄り道率 50%　　→　　在宅率 50%
　　　寄り道率 25%　　→　　在宅率 75%

さあ、モデル化します。

平日に自宅にいる時間（時間 / 日）
＝｛24 時間−（労働時間 ＋ 昼休憩 ＋ 通勤時間 ＋ 睡眠時間）｝
×（1 − 寄り道率）

　次は「**休日に自宅にいる時間**」です。
「休日に自宅にいる時間」は、24 時間から睡眠時間を引いて、
どれくらい外出していないかでわかります。さっきの「寄り道
率」と同じように「**外出率**」というものを考えましょう。外出
率を 1 から引けばやはり「在宅率」になります。
　こちらもモデル化すると次の通り

休日に自宅にいる時間（時間 / 日）
＝（24 時間 − 睡眠時間）×（1− 外出率）

　では、「**⑤数値化＆算出**」です。
「平日に職場にいる時間」は、8 時間労働で 1 時間休憩がある
として **9 時間**ですね。残業はないものと考えています。「社会
人の年数」は 22 歳から 65 歳として **43 年間**です。

「年間労働日数」を計算してみましょう。

　年間の祝日の日数が 16 日なのは常識として知っておいたほうがいいですが、知らなかったとしてもおおよそ推定できます。祝日は 1 カ月に 1、2 回ほどなので月に 1.5 日ぐらい。年間（12 カ月）では 18 日（= 1.5 × 12）になります。

　また、年間の週数は 52 週で、1 週間に土日は 2 日あるので土日の日数は「52 × 2」日です。

　以上より（祝日は 16 日として）、年間労働日数を計算すると次のようになります。

　年間労働日数（日 / 年）
　= 365 −（52 × 2 + 16）
　= 245 ≒ 250（日 / 年）

　本当は 245 日ですが、計算しやすい 250 日にしましょう。それぞれの値がでましたので、「職場にいる時間」をモデルに入れて計算します。

　職場にいる時間（時間）
　= 平日に職場にいる時間（時間 / 日）
　× 年間労働日数（日 / 年）× 社会人の年数（年）

　= 9（時間 / 日）× 250（日 / 年）× 43（年）
　= 96,750（時間）

22〜65歳の43年間で「職場にいる時間」の合計は、96,750時間だと推定します。

「自宅にいる時間」の計算に移ります。
　まずは「平日に自宅にいる時間」を計算しましょう。それぞれの具体的な時間は……

　　　労働時間：8時間　　　昼休憩：1時間
　　　通勤時間：2時間　　　睡眠時間：7時間
　　　寄り道率：20%

とします。寄り道率は、月〜金の5日間のうち1日程度と考えて20%にしました。
　ここまでで一度計算します。

　平日に自宅にいる時間（時間／日）
　＝｜24時間−
　　　　（労働時間 ＋ 昼休憩 ＋ 通勤時間 ＋ 睡眠時間）｜
　　×（1 − 寄り道率）

　＝｜24 −（8 ＋ 1 ＋ 2 ＋ 7）｜ ×（1 − 0.2）
　＝ 4.8（時間／日）

　平日に自宅にいる時間は、平均すると4.8（時間／日）と推定できます。

今度は「休日に自宅にいる時間」です。

睡眠時間：8時間　　　外出率：50%

　睡眠時間は、平日よりも1時間増やして8時間としました。外出率が50%というのは、土日のうちどちらかは外出するという想定です。

　以上をふまえて計算します。

休日に自宅にいる時間（時間 / 日）
＝（24 時間 − 睡眠時間）×（ 1 − 外出率）

＝（24 − 8）×（ 1 − 0.5）
＝8（時間 / 日）

　休日に自宅にいる時間は、平均すると 8（時間 / 日）ですね。

　では、平日と休日を合わせて「自宅にいる時間」の総計を求めていきます。

　先ほど計算したように、年間休日日数は次の通りです。

52 × 2 + 16 = 120（日 / 年）

自宅にいる時間（時間）
= ｛ 平日に自宅にいる時間（時間 / 日）
　　 × 年間労働日数（日 / 年）
　　 + 休日に自宅にいる時間（時間 / 日）
　　 × 年間休日日数（日 / 年）｝
× 社会人の年数（年）

= ｛4.8（時間 / 日） × 250（日 / 年）
　　+8（時間 / 日） ×120（日 / 年）｝ ×43（年）
= 92,880（時間）

　22 ～ 65 歳の 43 年間で、自宅にいる時間（睡眠時間を除く）
の合計は 92,880 時間であることがわかりました。

　さて、大詰めです。
「職場にいる時間」は 96,750 時間で、「自宅にいる時間」は
92,880 時間でしたね。差を取ると……

　　　96,750（時間） − 92,880（時間） = 3,870（時間）

　つまり、社会人生活 43 年間を総計すると、職場にいる時間
のほうが自宅にいる時間より 3,870 時間長いと推定できます。

「⑥結果とプロセスの検証・提示」です。
　3,870 時間はピンとこないかもしれません。1 年あたりに直

しましょう。

$$3,870 \text{（時間）} \div 43 \text{（年）} = 90 \text{（時間 / 年）}$$

　1年あたりでは職場にいるほうが90時間長いことになります。こちらのほうがイメージがわくかもしれませんね。

　以上の推定は、生活習慣の「寄り道率」や「外出率」によってだいぶ変わるでしょう。もちろん残業があったり、休日出勤があったりするとさらに変わってきます。

　また、社会状況を考えると、働き方改革で過酷な仕事環境はだいぶ改善されたように思いますので、「職場にいる時間」は以前よりだいぶ少なくなったことでしょう。さらに、昨今はリモートワークも一般的になってきましたので、職種によっては「自宅にいる時間」はもっと長くなるかもしれません。

　本問のポイントは、「家にいる時間」を「平日」と「休日」の足し算で考えて、それぞれを分解したところです。

　また、平日の寄り道や休日の外出の頻度のように、人によって変動が激しそうな要因を「寄り道率」や「外出率」を用いて計算したところも注目してください。これらは例題9の「ロマンチック指数」に性格が似ています。

「多様な視点センス」が磨かれる問題

一流教師になるまでの総時間。応用が利く数式モデル

　昨今は、リスキリング（職業能力の再開発・再教育）やリカレント教育（大人の学び直し）がブームになっていますね。

　私は常々、学習の目標は「人に教えられるようになること」だと説いています。ではさらに進んで教師として一流になるにはどれくらいの時間が必要なのだろう、と考えてこんな問題をつくってみました。

　本問の考え方は、汎用性が高く応用が利くので、ぜひ身につけて、いろいろなことに使ってみてください。

Q. 一流の数学教師になるために必要な時間とは？

　手順①〜③をいっきに行いましょう。

　数学教師が知っておくべきことには「中学数学」「高校数学」「入試演習」があります。「算数」レベルは大丈夫という前提です。

「中高の数学」のカリキュラムをすべて学習するのにかかる時間を考えます。目安が欲しいので実際に学校で学ぶときにかかる時間、すなわち「履修時間」を参考にしましょう。

　また、目指すのは一流の教師ですから、それぞれをひと通り

勉強するだけでは足りません。反復して知識と理解を深めておく必要があります。そして、一流になるためには自分で勉強するだけじゃなく、教師としての経験を積む必要もあるでしょう。

さらに、教師に向いている人とそうでない人とでは、一流になれるまでの時間が大きく変わりそうです。そこで「**適性指数**」というものを導入します。

それから何をもって一流の教師とするかにかかわってきますが、自身の学習や、教師としての経験以外の何かが必要であることは少なくないと私は思います。そこで、数学には直接かかわらない「何か」を得るための時間を、「**プラスα**」としておきます。

以上をふまえて「④モデル化」すると次のような式になります。

一流の数学教師になるために必要な時間
= {(中学数学の履修時間 + 高校数学の履修時間
   + 高校・大学入試演習時間) × 反復数
   + 教師として経験を積む時間}
× 適正指数 +α

ただ、まだ漠然としていますので「中学数学の履修時間」「高校数学の履修時間」「高校・大学入試演習時間」「教師として経験を積む時間」それぞれをさらに分解します。

中学や高校の数学の履修時間は、文部科学省でしっかりと決まっているのでデータとして使ってもいいのですが、ここでは自分の中高の経験をもとに推定してみましょう。言ってみればこれも供給サイド（教育をするほう）ではなく、需要サイド（教育を受けるほう）の視点から推定するわけです。

授業の1コマは中高ともに50分でした。ポイントは「数学の授業が週に何コマあったか」、そして「授業が何週行われたか」です。それがわかれば年間の履修時間が出せますし、さらに3倍すれば中学3年間の履修時間になります。

したがって「中学数学の履修時間」の分解はこうです。

中学数学の履修時間
＝ 1コマあたりの分数（分／コマ）
× 1週あたりの数学のコマ数（コマ／週）
× 年間の授業週数（週／年）× 3（年）

同様に高校も分解します。

高校数学の履修時間
＝ 1コマあたりの分数（分／コマ）
× 1週あたりの数学のコマ数（コマ／週）
× 年間の授業週数（週／年）× 3（年）

「高校・大学入試演習時間」はそれぞれ中学・高校のカリキュラム1年分の時間はかかると考えましょう。つまり、次のように計算します。

高校・大学入試演習時間

$$= \text{中学数学の履修時間} \times \frac{1}{3} + \text{高校数学の履修時間} \times \frac{1}{3}$$

最後に「教師として経験を積む時間」は……

教師として経験を積む時間
= 1日の勤務時間(時間 / 日) × 1週あたりの勤務日数(日 / 週)
× 年間週数 (週 / 年) × 教師の経験を積む年数 (年)

では「**⑤数値化**」していきます。

記憶の新しいところから、先に「高校数学の履修時間」を考えます。

高校のとき、数学の授業は週に5コマ（1日に1コマ）くらいのペースでした。授業週数はどうでしょう？

春休み（3週間）、夏休み（8週間）、冬休み（4週間）、祝日（2週間）がありますので年間52週のうち……

$$52 - (3 + 8 + 4 + 2) = 35 \text{（週）}$$

は授業が行われたはずです。

　これらの数値からまとめると次の式になります。

　高校数学の履修時間
　= 1コマあたり分数（分 / コマ）
　× 1週あたりの数学のコマ数（コマ / 週）
　× 年間の授業週数（週 / 年）× 3（年）

　= 50（分 / コマ）×5（コマ / 週）×35（週 / 年）×3（年）
　= 26,250（分）= 437.5（時間）
　≒ 440（時間）

「高校数学の履修時間」は**約 440 時間**と推定できました。

　次は「中学数学の履修時間」ですが、高校と違うのは「1週あたりの数学のコマ数」だけです。高校よりは少なかった記憶がありますが、週に4コマか週に3コマか……。極端には違わなかった記憶があるので、週に4コマとしましょう。

　中学数学の履修時間
　= 1コマあたりの分数（分 / コマ）
　× 1週あたりの数学のコマ数（コマ / 週）
　× 年間の授業週数（週 / 年）× 3（年）
　= 50（分 / コマ）×4（コマ / 週）×35（週 / 年）×3（年）
　= 21,000（分）= 350（時間）

「中学数学の履修時間」は**350時間**と推定できました。

そして「高校・大学入試演習時間」は……

高校・大学入試演習時間

$$= 中学数学の履修時間 \times \frac{1}{3} + 高校数学の履修時間 \times \frac{1}{3}$$

$$= 350 \times \frac{1}{3} + 440 \times \frac{1}{3}$$

$$= (350 + 440) \times \frac{1}{3}$$

$$= 790 \times \frac{1}{3}$$

$$\fallingdotseq 260 (時間)$$

PART Ⅳ ── 数学的センスを磨く「フェルミ推定トレーニング」

約260時間となりました。

次に「**反復数**」ですが、これは私の独断で**5回**とします。

また、「**教師としての経験を積む時間**」は、**5年**は欲しいです。1日8時間、週に5日間教えるものとします。年間の週数は50週とします。教壇に立つのは35週かもしれませんが、教材の準備や授業準備をする時間も含めた概算です。

教師として経験を積む時間
＝　1日の勤務時間（時間／日）
×　1週あたりの勤務日数（日／週）
×　年間週数（週／年）
×　教師の経験を積む年数（年）

＝ 8（時間／日）×5（日／週）×50（週／年）×5（年）
＝ 10,000（時間）

「**適性指数**」については、可もなく不可もなく普通の人だったら1で、極めて教える才能がある人は0.1、経験を積む必要がある人は10程度になるイメージです。ここでは1としておきます。

それぞれ推定量が集まりました。計算していきましょう。

一流の数学教師になるために必要な時間
＝ ｛(中学数学の履修時間 ＋ 高校数学の履修時間
　　＋ 高校・大学入試演習時間）× 反復数
　　＋ 教師として経験を積む時間｝
× 適正指数 ＋α

＝ ｛(350 ＋ 440 ＋ 260) ×5 ＋ 10,000｝ ×1 ＋α
≒ 1,000 ×5 ＋ 10,000 ＋α
＝ 15,000 ＋α（時間）

途中の計算、350 ＋ 440 ＋ 260（ ＝ 1,050）を約 1,000
にしました。

　「一流の数学教師になるために必要な時間」は 1 万 5000 時
間 ＋ α が必要だとわかりました。

　「⑥結果とプロセスの検証・提示」をしていきましょう。
　ちなみに、文学科学省の学習指導要領を見ると、中学の数学
の履修時間は約 321 時間、高校の数学の履修時間は約 467 時
間となっています。上の推定では前者は 350 時間、後者は
440 時間だったのでいい推定でした。

　よく巷では「1 万時間、1 つのことに費やしたら一流になれ
る」と言いますが、数学教師の場合もある程度はあてはまるよ
うです。

　ただ、そもそも「一流の教師ってどういう教師のことを言う
の？」という疑問がありますよね。19 世紀のイギリスの教育
哲学者アーサー・ウィリアムスの有名な言葉を紹介します。

「凡庸な教師はただ喋る。
良い教師は説明する。
優れた教師は自らやって見せる。
そして最高の教師は生徒の心に火をつける」

最高の教師の条件「生徒の心に火をつける」というのが簡単ではありません。これこそが上の推定で「プラスα」の部分を残した所以です。時間さえかければ、誰でも一流の教師になれるというわけではないと私は思います。

　本書の趣旨からは外れるかもしれませんが、ここはあえて、安易に数値を入れて「推定」したくないというのが正直なところです。一流の教師になれるかどうかは、客観的には捉えられない神秘的な要素を含むということにしておいてください。

　ただ、「優れた教師」として「やって見せる」ことができるには、つまり、どんな問題や質問にも答えてあげられるようになるには、1万5000時間くらいはかかりそうです。

　ここでのモデル化の方法は、他の科目の教師はもちろん、「英語の習得」や「資格試験に合格」にかかる時間などにも応用できるでしょう。

「分解センス」が磨かれる問題
どれくらいの音楽を聴くか、一生分を推定する

　人の一生分を見積もる推定は途方もない感じがしますが、人生を、幼年時代、学生時代……とライフステージで分けて考えるとイメージがわいてきます。

Q. 一生のうちに聴く音楽は全部で何曲？

　ではさっそく「①情報の整理」をしていきます。
　人生80年とします。生活の中で音楽をどの程度聴くかは、ライフステージによって大きく違うので、分けて考えます。

「③分解」は、超基本公式（総量＝単位量あたりの大きさ×単位数）に則って、次のように考えましょう。

　一生のうちに聴く曲の数（曲）
　＝　1日あたりに聴く曲の数（曲 / 日）× 日数（日）

「④モデル化」「⑤数値化＆算出」をいっきにやりましょう。
ライフステージごとに区切って考えます。

《0 〜 10 歳の幼年時代》

1日あたりに聴く曲の数：2曲

日数：4,000日

「幼年時代」に聴く曲数は、1日あたり2曲にしました。赤ちゃん時代にまわりの大人が聴かせる曲は能動的に聴いているわけではないので計算に入れません。そうなると、物心がついた後くらいから10歳までに聴いた曲数を平均するので、このくらいかなと思います。

　0 〜 10歳は、本当は11年間ですが、10年間にします。日数は次のように概算しました。

$$365（日 / 年）\times 10（年）≒ 4,000（日）$$

《11 〜 20 歳の学生時代》

1日あたりに聴く曲の数：20曲

日数：4,000日

　おそらく人生で一番聴くのは「学生時代」だろうと思います。カラオケもこの世代が一番行くでしょう。多めに1日あたり20曲にしてみました。10年間なので日数はやはり概算で4,000日とします。

《21 〜 60 歳の社会人時代》

1日あたりに聴く曲の数：10曲

日数：16,000日

音楽好きでも仕事中は聴けない人もいるでしょうから、平均して1日あたり10曲にします。40年間なので、概算では日数は16,000日です。

《61 〜 80 歳の高齢者時代》
1日あたりに聴く曲の数：5曲

日数：8,000日

　リタイア後の高齢者時代は、特に人によってばらつきが大きそうですが、平均すると社会人時代よりは減るのかなというイメージで1日あたり5曲にしてみました。日数は20年間なので概算で8,000日です。

　一生のうちに聴く、音楽の曲の数（曲）
　＝ 1日あたりに聴く曲の数（曲／日）× 単位数（日）
　＝ 幼年時代の1日あたりに聴く曲の数（曲／日）
　× 0 〜 10 歳の日数（日）
　＋ 学生時代の1日あたりに聴く曲の数（曲／日）
　× 11 〜 20 歳の日数（日）
　＋ 社会人時代の1日あたりに聴く曲の数（曲／日）
　× 21 〜 60 歳の日数（日）
　＋ 高齢者時代の1日あたりに聴く曲の数（曲／日）
　× 61 〜 80 歳の日数（日）

　＝ 2（曲／日）× 4,000（日）＋ 20（曲／日）× 4,000（日）
　＋ 10（曲／日）× 16,000（日）＋ 5（曲／日）× 8,000（日）
　＝ 288,000（曲）
　≒ 30万（曲）

計算すると 28 万 8000 曲と出ました。つまり一生のうちに聴く曲の数は**約 30 万曲**です。

「⑥結果とプロセスの検証・提示」

今回の問題の場合、「正しい値」を検証するのは難しいですが、筆者の場合で検証してみます。

私は音楽が好きなので、3 つの音楽サブスクに登録していて毎日いろいろと聞いているのですが、そのうちの 1 つ Apple Music では年末になると「年間でどれだけの曲を聴いたか」を教えてくれます（他のサブスクでも同様のサービスはあります）。

2022 年は 2080 曲でした。平均すると 1 日 5、6 曲聴いている計算です。ただ、他のサブスクでも同じ程度には聴いているはずなのでこの 3 倍程度、おそらく 1 日 15 曲くらいは、聴いていると思います。

上の推定では「社会人時代の 1 日あたりに聴く曲数」を 10 曲にしました。私が音楽好きであることを考えると、平均の 1.5 倍聴いているというのは妥当な線だと思います。

今回の推定では、一生のうちに聴く音楽は約 30 万曲と出ました。

ちなみに Apple Music と Amazon Music は約 1 億曲を配信しています（2023 年 4 月現在）。一生で 1 曲につき 1 回ずつしか聴かなかったとしても、全体の 0.3％しか聴けないということですね。そう考えると、ある 1 曲との出会いはまさに一期

一会だと思います。

　今回の推定は「一生のうちに聴く音楽の曲数」という雲をつかむような大きな数の推定でしたが、ライフステージに注目して一生をいくつかのステージに分解し、さらに「１日あたりに聴く曲数」というミクロな部分に焦点を合わせれば、数字が出せるという醍醐味を味わっていただけたと思います。

　このような手法は「一生のうちに観る映画の本数」「一生のうちに行く美容室の回数」「一生のうちにかける電話の回数」などにも応用が利くのでぜひ、チャレンジしてみてください。

「多様な視点センス」が磨かれる問題
年間メッセージ数、
LINEだけでこんなにも飛び交っていた!

　Twitter、Facebook、Instagram、LINE……日々SNSでは膨大な数のメッセージがやりとりされています。中でも利用率の高いLINEは年間どれだけの数になるのでしょう？　ここでも前問同様、どうやって解像度を上げるかがポイントです。

Q. 日本人の年間 LINE メッセージ数はいくつか?

「①情報の整理」「②具体化」をします。

　例題12の《一生のうちに聴く曲の数》と同じく、今回も相当大きな数になりそうですね。

　でも、こんなときでも具体的にイメージしてみます。自分が毎日どれだけのメッセージを送信しているか、あるいは受信しているか……。

　まずは最初は次のようなモデルを考えます。

　日本人の年間 LINE メッセージ数 (通 / 年)
　= 1人あたりの1日の受信数 [通 / (人・日)]
　× 人口 (人)
　× 年間の日数 (日 / 年)

ちなみにここで「受信数」にしたのは、「送信数」で考えると、グループ LINE や企業の公式 LINE などの場合は、送信側は1通でもそのメッセージを受信する人は複数いて計算がややこしそうだからです。

さて問題は「1人あたりの1日の受信数」をどう推定するかです。具体的にイメージしようとしてもなかなか想像できないのではないでしょうか？　なぜなら人によってだいぶ事情が違うように思えるからです。例題 12 では、1人の人間の一生をライフステージごとに分けて考えましたが、今回は国民を年代別に分けた**人口分布**を使います。

「1人あたりの1日の受信数」を考えるとき、その人の年代が限定できるのであれば、「20 代はこれくらい」「60 代はこれくらい」というように具体化がしやすくなります。

改めて「③**分解**」「④**モデル化**」をしましょう。
次のように考えます。

それぞれの年代を……

　　　　　○○の年代の1日の受信数 [通 / (人・日)]
　　　　× ○○の年代の人口（人）
　　　　× ○○の年代の利用率（%）

という計算をして足し合わせていくと、国民全体の1日の受信

数が出ます。さらに、それに年間の日数（365日）を掛ければ、
国民全体の受信数の総数が出るはずです。

　年代によってはLINEを使わない人も一定数はいるはずなので、「利用率」を掛けていることにも注意してください。

　実際の計算はこんな式になります。

日本人の年間LINEメッセージ数（通 / 年）
＝　｛0～10歳の人の1日の受信数［通 /（人・日）］
　　　×0～10歳の人口（人）×0～10歳の利用率（％）
　　　＋11～20歳の人の1日の受信数［通 /（人・日）］
　　　×11～20歳の人口（人）×11～20歳の利用率（％）
　　　＋21～40歳の人の1日の受信数［通 /（人・日）］
　　　×21～40歳の人口（人）×21～40歳の利用率（％）
　　　＋41～60歳の人の1日の受信数［通 /（人・日）］
　　　×41～60歳の人口（人）×41～60歳の利用率（％）
　　　＋61～80歳の人の1日の受信数［通 /（人・日）］
　　　×61～80歳の人口（人）×61～80歳の利用率（％）｝
×　年間の日数（日 / 年）

それぞれ「⑤数値化＆算出」しましょう。
まず年代別の人口分布は、次の図のように考えます。

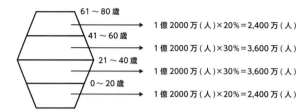

次に「各年代の1日の受信数」とLINEの「利用率」を推定していきます。

《0 ～ 10 歳》
人口の10%
1人あたりの1日の受信数：2通
LINE利用率：50%

上の人口分布では、0 ～ 20歳が20%になっていますが、大まかに、0 ～ 10歳と11 ～ 20歳はそれぞれ10%ずつとします。10%の0 ～ 10歳が、1日に受信する数は5歳ぐらいまではほぼ0でしょうけれど、最近は小学生もLINEをやる人が増えてきているので10歳くらいではけっこう多くなっているのかなと考えて、この年代の平均は2通にしました。
　利用率については、独断で50%とします。

《11 ～ 20 歳》
人口の10%
1人あたりの1日の受信数：20通
LINE利用率：100%

LINE の受信数は、11 〜 20 歳の年代が一番多いと思います。ちなみに、婚活事業を手がける IBJ が、2021 年に恋人との LINE における 1 日の理想の連絡回数のアンケートを行ったところ、結果は以下のグラフのようになったそうです。

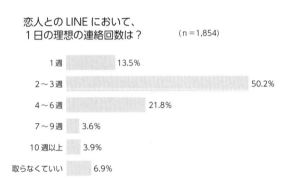

恋人との LINE において、
1 日の理想の連絡回数は？　　(n = 1,854)

1週	13.5%
2〜3週	50.2%
4〜6週	21.8%
7〜9週	3.6%
10週以上	3.9%
取らなくていい	6.9%

　恋人がいる人の 7 割は、恋人に向けて送るメッセージ数は 1 日に 2 〜 6 通程度が適当と考えているようですね。他に友達や家族との LINE もありますので、20 通としました。

《21 〜 40 歳》
人口の 30%
1 人あたりの1日の受信数：10 通
LINE 利用率：100%

　21 〜 40 歳は仕事も始まるので LINE の頻度も減るだろうという予測のもと 1 日あたりは 10 通にしてみました。

《41 〜 60 歳》

人口の 30%

1人あたりの1日の受信数：8 通

LINE 利用率：100%

《61 〜 80 歳》

人口の 20%

1人あたりの1日の受信数：5通

LINE 利用率：50%

　41 〜 60 歳はさらに減って 8 通にしました。61 〜 80 歳の
人はもっと減って 5 通程度でしょうか。利用率のほうも、11
〜 60 歳は 100% でしたが、61 歳以上は 50% にしました。

では計算してみましょう。

日本人の年間 LINE メッセージ数（通 / 年）

＝｛0 〜 10 歳の人の 1 日の受信数 [通 /（人・日）]

　　× 0 〜 10 歳の人口（人）× 0 〜 10 歳の利用率（%）

　　＋ 11 〜 20 歳の人の 1 日の受信数 [通 /（人・日）]

　　× 11 〜 20 歳の人口（人）× 11 〜 20 歳の利用率（%）

　　＋ 21 〜 40 歳の人の 1 日の受信数 [通 /（人・日）]

　　× 21 〜 40 歳の人口（人）× 21 〜 40 歳の利用率（%）

　　＋ 41 〜 60 歳の人の 1 日の受信数 [通 /（人・日）]

　　× 41 〜 60 歳の人口（人）× 41 〜 60 歳の利用率（%）

　　＋ 61 〜 80 歳の人の 1 日の受信数 [通 /（人・日）]

　　× 61 〜 80 歳の人口（人）× 61 〜 80 歳の利用率（%）｝

× 年間の日数（日 / 年）

$$= \{(2 \times 1.2 \text{億} \times 10\% \times 50\%) \qquad\qquad \leftarrow 0 \sim 10 \text{歳}$$
$$+ (20 \times 1.2 \text{億} \times 10\% \times 100\%) \qquad \leftarrow 11 \sim 20 \text{歳}$$
$$+ (10 \times 1.2 \text{億} \times 30\% \times 100\%) \qquad \leftarrow 21 \sim 40 \text{歳}$$
$$+ (8 \times 1.2 \text{億} \times 30\% \times 100\%) \qquad \leftarrow 41 \sim 60 \text{歳}$$
$$+ (5 \times 1.2 \text{億} \times 20\% \times 50\%)\} \qquad \leftarrow 61 \sim 80 \text{歳}$$
$$\times 365$$

$$= (0.1 + 2 + 3 + 2.4 + 0.5) \times 1.2 \text{億} \times 365$$
$$= 8 \times 1.2 \text{億} \times 365$$
$$\fallingdotseq 9 \times 400 \text{億}$$
$$= 3{,}600 \text{億}（通 / 年）$$

「⑥結果とプロセスの検証・提示」です。

　今回の推定について「正しい値」を調べるのは難しかったのですが、年間で**3,600億通**、1日あたりはおよそ10億通になりました。1時間あたりに直すと4,000万通、さらに1秒あたりに換算すると約1万通です。「アッ」というこの間に日本で約1万通のLINEのメッセージがやりとりされているという推定になりました。

　前の例題12やこの例題13のような問題に挑戦すると、ミクロな視点を持って対象にぐっと近づく、解像度を上げて詳しく見ていく感覚が養われると思います。

「変換センス」が磨かれる問題
東京ドームに必要なトイレの数は?

　一見「どうやって解くのか?」と悩む問題ですが、分解ができればサクッと解ける問題です。

Q. 東京ドームに必要なトイレの数はいくつか?

　手順の①〜④までやっていきましょう。

　東京ドームという場所は5万人もの人が集まりますが、もちろん5万人分のトイレを用意する必要はないでしょう。ある瞬間に、同時にトイレに行きたいと思う人が全体の何%いるのかがわかれば、用意すべきトイレの数もわかりそうです。

　よって最初のモデルは次のように考えます。

東京ドームに必要なトイレの数(個)
= 東京ドームのキャパシティ(収容人数)(人)
×(ある瞬間に)トイレに行きたい人の割合(%)

　ただし「トイレに行きたい人の割合」は、推定量の見当がつかないため、**変換して考える必要がありそうです。**

　そこで「日中トイレで過ごす時間の割合」を考えましょう。

老若男女、体調によっても変化しますが、だいたい１日計
10分はトイレで過ごすとします。１日の中で起きている時間
は16時間ということにすると、16時間 = 960分 ≒ 1,000
分のうち、たいてい10分間はトイレの中で過ごしていること
になります。

　よって、「日中トイレで過ごす時間の割合」は……

日中トイレで過ごす時間の割合（％）

$$= \frac{10}{1000} = \frac{1}{100} = 1\%$$

です。言い換えると「日中活動している時間」の１％はトイレ
で過ごしている、と考えられるわけです。一般に……

ある活動に費やす時間の割合
= 今現在それをやっている人の割合

と考えられるので、東京ドームに来ている人の中でも１％の人
がある瞬間にトイレに行きたいと思っているはずです。

　以上より、次のように計算できます。

東京ドームに必要なトイレの数（個）
= 東京ドームのキャパシティ（収容人数）（人）
×（ある瞬間に）トイレに行きたい人の割合（％）

= 5万×1％
= 500（個）

少なくとも500人分のトイレが必要と出ました。

「⑥結果とプロセスの検証・提示」です。
「正しい値」を調べてみました。東京ドームのトイレの総数については、公式発表はないのですが、2021年の春に女子トイレ等が増設されて、女子トイレ・共用トイレ・車椅子トイレの合計が313個になったという発表がありました。

　男子用は少なくとも同数〜倍程度はあるでしょうから、トイレの数は全部で600〜1,000個ほどではないかと思います。

　実際は、東京ドームにおける野球の試合やコンサートで客がトイレに行こうとするタイミングは、各回の表と裏の間とかコンサートの休憩時間とかに集中するでしょうから、上の推定で出た500個ではきっと足りないでしょう。

ただし、今回の推定で使った次の式は汎用性が高いです。

ある活動に費やす時間の割合
＝ 今現在それをやっている人の割合

たとえば立食パーティーを主催する側が、どれくらいの椅子を用意しておいたらいいかが知りたいときも同じように推定できるでしょう。90分の立食中で座りたい時間が30分ぐらいだと思ったら、少なくとも来場者数の3分の1の椅子が必要というわけです。

例題 15 「情報整理センス」が磨かれる問題
大手企業の赤字 20 億円……どれくらいヤバい?

　今回のテーマは、ニュースに出てくるような数字の捉え方です。また、本問の考え方が身につけば、説明力もレベルアップすることでしょう。

Q. すかいらーくグループの 20 億円の赤字、
どれくらいヤバい?

「①情報の整理」から「④モデル化」までをします。

　20 億円という数字はあまりにも大きすぎてピンとこないのではないでしょうか。赤字で大変だなと思う一方、大手企業だからそれぐらいなんでもないんじゃないのかという気もします。こんなとき自分のこととして感覚的につかむには、**ダウンサイジング**がオススメです。

　そのためには、すかいらーくグループの年間売上を推定する必要があります。年間の全体売上がわかれば、赤字の 20 億円が全売上の何%かがわかり、平均的な世帯の収支に落とし込んでダウンサイジングもできるからです。

　問題は、すかいらーくグループの年間売上をどうやって推定するかです。

これも「供給側」から考えると店舗数やその店舗の年間売上を推定することになり、数字をイメージするのが難しそうです。

そこで今回も「需要側」から推定していきましょう。日本国民全員の食事回数に外食率を掛けて、さらにそのうち「すかいらーくグループ」を選択する割合を推定します。最後に客単価を掛ければ「すかいらーくグループ」の売上が求まるでしょう。

つまり、次のように「④モデル化」します。

すかいらーくグループの年間売上（円 / 年）
＝ 人口（人）
× 1人あたりの食事回数［回 /（人・年）］
× 外食率（％）
× すかいらーくグループ選択率（％）
× 客単価（円 / 回）

まずは、このモデルで「⑤数値化＆算出」しましょう。
「人口」は **1.2 億人**。1 人あたりの食事回数は 1 日 3 回で、年間 365 日だから **約 1,000 回**。このうち外食するのは何％くらいでしょうか？

総人口 1.2 億人には赤ん坊から高齢者層まで入っていますから「外食率」は、5 ％にしておきます。1,000 回のうちの 5 ％ですから年間 50 回程度。1 週間に 1 回ぐらいは外食に行くという見積もりです。

さらに、1週間に1回の外食にはファーストフードもありますし、レストランもあります。「すかいらーくグループを選択する確率」は……、ざっくりと5％にしておきます。

「客単価」は切りよく **1,000** 円でいいでしょう。

　数を入れていきます。

　　すかいらーくグループの年間売上 (円 / 年)
　　= 人口 (人)
　　× 1人あたりの食事回数 [回 / (人・年)]
　　× 外食率 (%)
　　× すかいらーくグループ選択率 (%)
　　× 客単価 (円 / 回)

　　= 1.2 億 (人)　× 1,000 [回 / (人・年)]
　　× 5% × 5% × 1,000 (円 / 回)
　　= 3,000 億 (円 / 年)

　すかいらーくグループの年間売上は 3,000 億円という数字が出てきました。
　売上に対する 20 億円の赤字の割合は……

$$\frac{20}{3000} = \frac{1}{150}$$

191

です。さらに世帯年収が500万円の家庭にダウンサイジング
して考えると……

$$500 \,万\,(円) \times \frac{1}{150} = \frac{10}{3} \,万\,(円)$$
$$= 3.33\cdots万\,(円)$$
$$\fallingdotseq 3万\,(円)$$

となるので「20億円の赤字」は「3万円ちょっと」程度の赤
字に相当することがわかります。

「⑥結果とプロセスの検証・提示」です。
「正しい値」と推定量を比べます。すかいらーくHDの発表
によると、2021年度の通期実績は売上高2,646億円だったそ
うです。上の推定では3,000億円だったので、近いですね。

　すかいらーくグループの20億円の赤字を家庭にダウンサイ
ジングするとどうなるか、計算して求めてきました。すると、
3万円ちょっとになりました。これは月間の赤字ではなく、年
間の赤字ですから取り返すのもそう難しくないイメージではな
いでしょうか。
　ダウンサイジングによって、大きな数をイメージしやすくす
る例は例題3でも紹介しました。ニュースなどで見聞きする
大きな数字の意味を具体的にイメージするためにも大変有効な
手立てです。

「具体化センス」が磨かれる問題
世の中の見る目が変わる！
クレープ屋の開店に必要なバイトの人数

このあとはいよいよ難しくなってきます。丁寧に説明しますので、ぜひ頑張ってください。

この問題が理解できたとき、経営者としての感覚もきっと身についていることでしょう。

Q. クレープ屋を開店。
バイトは何人雇うのが適切か？

まずは「①情報の整理」と「②具体化」から。

クレープ屋を開店するのがどのエリアかを設定する必要があります。そうでないと売上予想が立ちません。

また、バイトは経費や売上の合計が売上を超えない範囲でしか雇えないでしょう。損益分岐点がカギを握りそうです。

「③分解」と「④抽象化」を行います。

商売ですから「売上」から「経費」を引いたときに黒字になることが前提です。採算が取れる「バイトの就業時間」を求めれば、そこからバイトの人数が見えてくるでしょう。

最初のモデルは単純に次のように書けます。

$$売上（円 / 年）－ 経費（円 / 年）\geqq 0$$

　この式の「売上」と「経費」をそれぞれ分解してより意味のある「モデル」をつくっていきましょう。

　まずは「売上」からです。
　クレープ屋の売上の見積もり方ですが、ここでも超基本公式（総量＝単位量あたりの大きさ×単位数）が使えます。

　売上（円 / 年）
　＝ 1人あたりのクレープの単価（円 / 人）
　× 年間の客数（人 / 年）

「年間の客数」はイメージしづらいのでもう少し分解します。
そのエリアに来る人の何割かが来店すると考えて……

　年間の客数（人 / 年）
　＝ そのエリアに来る年間の人数（人 / 年）
　× クレープを買う人の割合

でいいですね。まとめると……

売上（円 / 年）
= 1人あたりのクレープの単価（円 / 人）
× そのエリアに来る年間の人数（人 / 年）
× クレープを買う人の割合

次は「経費」です。

まずは要素を洗い出しましょう。当然「1カ月あたりの家賃、光熱費」がかかります。

ポイントになる「バイトの年間人件費」は次のように計算します。（週数は簡単のために50週にしました）

バイトの年間人件費（円 / 年）
= 時給（円 / 時間）
× バイトののべ就業時間（時間 / 週）
× 50（週 / 年）

さらにクレープの「原価」は……

原価（円 / 年）＝売上（円 / 年）×原価率（%）

で計算しましょう。

本当は他に広告費等もあるでしょうが、今回そこは端数になると考えて計算しません。また、とりあえずオーナーの報酬も除きます。

何を残して何を採用するかがモデル化の大事なところです。このように経費を見積もること自体が実はモデル化になっています。まとめましょう。

経費（円／年）
＝｛家賃（円／月）＋ 光熱費（円／月）｝× 年間月数（月／年）
＋ 時給（円／時間）
× バイトののべ就業時間（時間／週）
× 年間週数（週／年）
＋ 年間売上（円／年）× 原価率（％）

モデルが完成したので次は、それぞれを「⑤数値化＆算出」していきます。

まずは「売上」から。
要素は「1人あたりのクレープの単価」「そのエリアに来る年間の人数」「クレープを買う人の割合」の3つです。

「1人あたりのクレープの単価」は300 ～ 500円ということで平均400円にしておきます。

「そのエリアに来る年間の人数」はどのエリアに出店するかで大幅に違いそうです。今回は、遊園地や動物園の近くをイメージしてください。

年間の来場者数の見積もりは、肌感覚に頼りましょう。ニュースで聞いたことがあるのは……、たしか、東京ディズニーランドは年間 2,000 万人ぐらいだったと思います。ただ東京ディズニーランドはケタ違いに人数が多いエリアでしょうから、普通の遊園地、動物園だとざっくり**年間 100 万人**くらいだと推定します。

　最後に「クレープを買う人の割合」です。
　遊びに来るということを考えると、普段よりはお財布のヒモが緩くなっているだろうと考えます。おおよそ、100 人通ったら 5 人くらい。つまり 5 ％としておきます。

　3 つの数字を先ほどのモデルの式に入れて計算すると……

売上（円 / 年）
＝ 1 人あたりのクレープの単価（円 / 人）
× そのエリア来る年間の人数（人 / 年）
× クレープを買う人の割合

＝ 400（円 / 人）× 100 万（人 / 年）× 5 ％
＝ 2,000 万（円 / 年）

年間の売上は 2,000 万円と推定できました。
年間の客数は 5 万人（100 万× 5 ％）ですね。

さて、ここで「**年間 5 万人が訪れるクレープ屋はどれくらい**

忙しいのか」をイメージしておきたいと思います。

　バイトの人数を考える時にも参考になりそうなので、経費を考える前に検証しておきましょう。

　「年間5万人」を年間の週数52（÷50）週で割れば、1週間あたりの客数は

$$50{,}000（人／年）÷50（週／年）＝1{,}000（人／週）$$

とわかります。

　ただ1週間で1,000人ではまだピンときません。1日あたり、さらに1時間あたりどれくらいかを計算しましょう。

　クレープ屋に来るお客は、当然、土日のほうが平日より多いでしょうから、土日は平日の2倍の来客数と考えましょう。また、月曜日を定休日とします。そこで一週間を「火・水・木・金・土・土・日・日」の8日として計算します。

$$1{,}000（人／週）÷8（日／週）＝125（人／日）$$

　平日は125人、土日は250人が来客するということです。

　さらにお店が8時間開いているとして、1時間あたり何人の客が来るかを計算します。3時あたりがピークだと思いますが、そこは平均してしまいます。1日125人ですから、1時間では次の通りです。

$$125（人／日）÷8（時／日）＝15.625（人／時）$$
$$≒16（人／時）$$

1時間に16人ということは1人の客に対応できる時間は

$$60（分/時）÷16（人/時）= 3.75（分/人）$$

であることがわかります。つまり「**平日はお客1人につき4分弱かけていい**」ということがわかりました。これも含めてバイトの人数は何人ぐらいが適切か、検討したいと思います。

さてさて「経費」を「**⑤数値化&算出**」します。
未定の要素は次の5つです。
・家賃（円/月）
・光熱費（円/月）
・時給（円/時間）
・バイトののべ就業時間（時間/週）
・原価率

「家賃」ですが、このクレープ屋はイートインがなくて全部テイクアウトと考えます。店の大きさは3〜4坪。遊園地の近くだったとしても15万円くらいでしょうか。このあたりもなんとなく感覚ですね。「光熱費」は5万円ぐらいにしておきます。

$$｛家賃（円/月）+ 光熱費（円/月）｝× 年間月数（月/年）$$
$$= ｛15万（円/月）+5万（円/月）｝× 12（月/年）$$
$$= 240（万/年）$$

家賃と光熱費は年間で 240 万円だとわかりました。

「時給」ですが、簡単に 1,000（円 / 時間）にします。

適切な 1 週間の「バイトののべ就業時間」を求めたいので、これを仮に x（時間 / 週）にしておきます。後でこの x がどれくらいだったら採算が合うかを計算したいと思います。

それでは週数は 50（週 / 年）ということにして、バイトの人件費をまとめておきましょう。

バイトの年間人件費（円 / 年）
= 時給（円 / 時間）
× バイトののべ就業時間（時間 / 週）
× 年間週数（週 / 年）

= 1,000（円 / 時間）× x（時間 / 週）× 50（週 / 年）
= 50,000 × x（円 / 年）

バイトの人件費は、年間で 5 万 × x 円です。

「原価」はと言いますと、まず、原価率はクレープなので低そうです。20 % にしておきます。年間の売上は先ほど 2,000 万円と出ました。計算してみましょう。

原価（円 / 年）
= 売上（円 / 年）× 原価率（%）

$$= 2{,}000 万（円 / 年）\times 20\%$$
$$= 400 万（円 / 年）$$

それぞれ求められましたので「経費」をまとめましょう。

経費（円 / 年）
= ｛家賃（円 / 月）＋ 光熱費（円 / 月）｝× 年間月数（月 / 年）
＋ 時給（円 / 時間）
× バイトののべ就業時間（時間 / 週）
× 年間週数（週 / 年）
＋ 年間売上（円 / 年）× 原価率（%）

$$= 240 万（円 / 年）＋ 5 万 \times x（円 / 年）＋ 400 万（円 / 年）$$
$$= 640 万（円 / 年）＋ 5 万 \times x（円 / 年）$$
$$\fallingdotseq 700 万 ＋ 5 万 \times x（円 / 年）$$

　経費は多めに見積もっておいたほうが安全なので、最後の端数は切り上げて「700 万 ＋ 5 万 × x」円を年間の経費とします。

「売上」と「経費」の概算ができました。あとは「売上 － 経費」が 0 以上になれば黒字になりますね。あてはめて不等式を解きましょう。両方とも単位が万なので、$\times 10^4$ ですが約分で消えます。

$$売上（円 / 年）－経費（円 / 年）≧ 0$$

$$2,000万－（700万＋5万 \times x）≧ 0$$
$$1,300万－5万 \times x ≧ 0$$
$$5万 \times x ≦ 1,300万$$
$$x ≦ 1,300万 ÷ 5万$$
$$x ≦ 260$$

x は1週間のバイトののべ就業時間だったので1週間あたり260時間以下に抑えれば黒字経営になるということです。

これを1日（火・水・木・金・土・土・日・日の8日分）にすると……

$$260（時間 / 週）÷ 8（日 / 週）≒ 30（時間 / 日）$$

なので、平日は1日あたりのべ約30時間までは働いてもらえる計算になります。土日は、その2倍なのでのべ約60時間までは働いてもらえます。また、1人あたり1日8時間勤務だとすると次のような計算になります。

$$30（時間 / 日）÷ 8（時間 /（人・日））＝ 3.75（人）$$

つまり、平日は1日あたり3人は雇用できることになります（4人雇うのは危険です）。土日は1日あたり6〜7人雇っても大丈夫でしょう。

長かったですが……ついに答えが求められましたね！

さて、「⑥結果とプロセスの検証・提示」です。

まずは、プロセスの検証をしましょう。

「売上」から「経費」を引いた値が黒字になることを条件に、バイトの人数を割り出しました。

　クレープ屋の開店エリアは、人通りがざっくり年間100万人あり、そのうち、5％がクレープを購入する想定です。単価を平均400円として「売上」を求めました。

「経費」は、「家賃」「光熱費」「バイトの人件費」「原価」で求めます。

　黒字になる「バイトののべ就業時間」は1日30時間だとわかりましたので8時間勤務だとして、1日あたりに雇えるバイトの人数は平日で3人程度だとわかりました。

　次に結果の考察を深めましょう。

　平日、お客1人に4分弱はかけられました。当然、午後〜夕方は混みますがそれにしてもオーナー＋3人は必要ないと考えられます。バイトは2人いれば十分でしょう。休日も4人くらいいれば大丈夫そうです。バイト代の浮いた分はオーナーの報酬にまわせます。

　この問題は、途中で不等式の計算等もあり、特に難しかったかもしれません。ですが、今回のモデルはお祭りなどの屋台や小さい飲食店などにも応用できます。

独立して商売をやりたいとなったら、こういうことがパッと計算できるようにしておきたいものです。そうでないと、「一生懸命働いているのに黒字にならない」なんてことになり兼ねません。

《解き方のポイント》推定量は肌感覚がキモ！

　こうした推定を行うとき、特に未経験の業種の場合は、どのように推定したらいいかわかりづらい、ということは当然あるでしょう。

　でも、そんな時は臆せず肌感覚で数字を入れてみることが大事です。繰り返しますが「ケタ違いでなければいい」という大胆さがないと、フェルミ推定は前に進めなくなることがあります。肌感覚を磨くには、やはり経験です。遊園地の近くに行ったときのイメージ、ショッピングモールに行ったときのイメージ、平日のイメージ、休日のイメージ……そういったものを日頃から鋭敏な感覚で捉えておくと、自分には縁遠い分野の推定量も入れられるようになります。

《解き方のポイント》単位のダウンサイジング

　計算としては、単位を揃えるのが間違いやすいポイントだったかもしれません。年から月に、そして週から日、時間、分に直していくとき、こんがらがりやすいです。書き留めながら随時、誤りがないか確認しましょう。

　単位をダウンサイジングすると、出てきた値にピンときやすくなります。そうなれば解像度を高めながらモデル化、計算を進めていくこともできるでしょう。

解像度の高いフェルミ推定は「画が浮かんでくる」という感覚に繋がります。

たとえば「1時間で16人のお客をさばく」と言われても、忙しさはなんとなくしかわかりません。だけど「1人4分弱でさばく」というと、具体的に働く姿が浮かんでくるはずです。

そして、「クレープ焼くのに2分かかるな、盛り付けには1分かな」とさらに想像が膨らんでいくでしょう。

すると、「クレープ台は1台でいいのかな、2台用意したほうがいいかもな」「盛り付けしているときに、清算はできないな」等のアイデアも出ると思います。

フェルミ推定ができれば、未知の分野であってもイメージを膨らませることができる、そんな感覚をつかんでいただければ嬉しく思います。

「情報整理センス」が磨かれる問題

お弁当のレシピが被るお友達の人数

　情報の整理がポイントになる問題です。

　問題に出てくる「クックパッド」は、料理のレシピをネット上で閲覧・投稿できるサービスです。「つくれぽ」とは、掲載されているレシピをつくったユーザーから送られる「つくってみたレポート」のことです。

Q. クックパッドの「つくれぽ」の投稿数が200ほどの人気のお弁当レシピを子ども用につくってみた。横浜のある小学校でお弁当のレシピが被る子どもは何人いるか?

「①情報の整理」をしましょう。

　まずは「つくれぽ」の投稿数が200というときに、そのレシピを見て実際につくった人が日本全国でどれくらいいるかを推定する必要がありそうです。

　さらに、その人数から、横浜のある小学校でつくる人の数を割り出す方法を考えます。

　最初のポイントは「レシピを見て実際につくった人」の数をどのように推定するかです。ここでは次のように考えます。

$$\frac{\text{つくれぽを投稿した人}}{\text{レシピを見て実際につくった人}} = \text{割合}$$

$$\Downarrow$$

$$\text{つくれぽを投稿した人} = \text{レシピを見て実際につくった人} \times \text{割合}$$

$$\text{レシピを見て実際につくった人} = \text{つくれぽを投稿した人} \div \text{割合}$$

一般的に書けば

$$\text{部分} = \text{総数} \times \text{割合} \quad \Rightarrow \quad \text{総数} = \text{部分} \div \text{割合}$$

ということです。「部分」を「割合」で割ると「総数」が出るということを使います。

「つくれぽを投稿した人」は**200**人です。

　では、「レシピを見て実際につくった人」のうち何％の人がつくれぽを投稿するでしょうか？　ここではその「割合」を**1**％と想定します。すると「レシピを見て実際につくった人」の数がわかります。

$$\begin{aligned} \text{レシピを見て実際につくった人(人)} &= \text{つくれぽを投稿した人(人)} \div \text{割合(\%)} \\ &= 200\,(\text{人}) \div 1\% \\ &= 20{,}000\,(\text{人}) \end{aligned}$$

「割合」が1％であれば、200人がつくれぽを投稿したレシピを実際につくった人は、全国に2万人いるというわけです。

次に「レシピを見て実際につくった人」のうち、自分の子どもと同じ学校内の人は何人いるかを考えたいと思います。ここでは自分の子どもが通う学校の全校生徒の数を**600人**とします。

同じレシピで実際につくった2万人が全国に均等にちらばっていると仮定すると、1億2000万人に対する600人の割合と同じ割合で、実際につくった2万人の中に子どもを同じ学校に通わせる親がいるはずです。

「④モデル化」「⑤数値化＆算出」して整理しましょう。

同じレシピでお弁当をつくる人の数（人）
＝ レシピを見て実際につくった人（全国）（人）

$$\times \frac{\text{同じ小学校の生徒数（人）}}{\text{総人口（人）}}$$

$$= 20{,}000（人）\times \frac{600（人）}{1.2億（人）}$$

$$= 0.1（人）$$

「⑥結果とプロセスの検証・提示」です。
　つくれぽの投稿数200のレシピは同じ学校内で被る人数が

0.1 人でした。つまり、被る可能性は極めて低いと言っていい
でしょう。しかも今回は、そのレシピがクックパッドで公表さ
れてから現在までの間に「実際につくった人」を使って見積もっ
ています。自分が子どもにつくったのと同じタイミングで、
2万人が一斉にそのレシピのお弁当をつくるわけではありませ
ん。よって、同じ小学校の他の子と被るのは奇跡に等しいと言
えます。心配はなさそうですね。

　さて、つくれぽを投稿した人が全体の「1％」と推定した根
拠も示しておきたいところです。

　これは、「ネット炎上、仕掛け人は0.5％」というニュース
を参考にしました。ひとたびネットで炎上すると、それが世間
全体の声であるかのように、めちゃめちゃ非難されている印象
ですが、実際にSNS等に書き込んでいるのは全体の0.5％し
かないというのです。これが投稿した人の割合を1％にした根
拠です。

　本問では、

総数＝部分÷割合

を使いました。この式の意味するところは、直観的には理解し
づらいので、難しく感じるかもしれませんが、先ほどのように
「部分＝総数×割合」を経由すれば、比較的納得できるのでは
ないでしょうか。

最難関の総合問題
カフェのコーヒー豆の市場規模

さあ来ました！　いよいよ最終問題です。

最初に断っておきますが、これは相当難しい問題です。数学的センスをフル活用する仕上げの問題として用意しました。

途中でつまずくのは当然です。その都度、何か別の方法はないか、別の視点に立って分解できないか考えてみてください。自分が知らない数値も自分が知っている範囲の道具を使って推定できないか、いろいろと試していきましょう。

Q. 全国のカフェで提供している コーヒー豆の市場規模はいくらか?

手順の①〜⑥まで行ったり来たりしながら考えていきます。

まず、カフェと言ってもチェーン店や個人営業の喫茶店など、経営規模や提供規模もまちまちなため、どのように分解すればいいのかわかりづらいですよね。

そこで、自分が普段使っているお店のカフェ全体におけるシェア率を推定して、そこからカフェ全体の市場規模を導き出したいと思います。1つ前の例題17で「つくれぽ」の投稿数から「レシピを見て実際につくった人」を推定しましたね。あのときと同じ「**総数＝部分÷割合**」を使います。

ここではスターバックス（以下、スタバ）を基準にします。「部分」が「スタバのコーヒー豆の市場規模」、これを割合である「シェア率」で割ります。すると「総量＝全国のカフェで提供しているコーヒー豆の市場規模」が求まるわけです。

スタバのシェア率は**20%**とします。根拠は複雑なので後で詳しく説明します。

最初の段階のモデルの式は次の通りです。

全国のカフェのコーヒー豆の市場規模（円／年）
＝ **スタバのコーヒー豆の市場規模**（円／年）
÷ **スタバのシェア率**（%）

しかし、このままでは数字を入れようがないので「スタバのコーヒー豆の市場規模」はさらに分解する必要がありそうです。次のようにしましょう。

スタバのコーヒー豆の市場規模（円／年）
＝ **1店舗あたりの飲み物の年間売上**［円／（店・年）］
× **原価率** × **店舗数**（店）

※「飲み物」は「コーヒー豆を使う飲み物」

ここで原価率は**10%**、店舗数は**2,000**とします。

これらの数字の根拠も後で詳しく説明します。

「1店舗あたりの（コーヒー豆を使う）飲み物の年間売上」ではまだ難しいため、さらに分解していきます。

1店舗あたりの飲み物の年間売上 ［円 /（店・年）］
= 1店舗の1時間あたりの飲み物の売上 ［円 /（店・時間）］
× 1日の営業時間（時間 / 日）× 年間日数（日 / 年）

営業時間は、7 〜 22 時の **15**（**時間 / 日**）、年間日数は概算なので今回も **400**（**日 / 年**）とします。

「1店舗の1時間あたりの飲み物の売上」は最初から比べるとだいぶ細部をクローズアップしているのですが、まだ数字を入れづらい感じがします。さらに分解して……

1店舗の1時間あたりの飲み物の売上 ［円 /（店・時間）］
= 1店舗の1時間でさばける客数 ［円 /（店・時間）］
× 平均客単価（円 / 人）
× コーヒー豆を使う飲み物の割合（%）

スタバのメニューは 400 〜 800 円ほどですが、1人で複数のメニューを頼む人もいるので平均の客単価は **700** 円にします。スタバの客の注文のうちコーヒー豆を使う飲み物の割合は

80%にしましょう。

　上のモデルで「1時間でさばける客数」を使ったのは、自分
の経験が活かせるからです。体感ですがスタバの「ドリンク提
供カウンター」では1〜2分に1つの商品が提供されているイ
メージです。また、私がよく利用している「モバイルオーダー」
のアプリ画面に出てくる「提供までの時間」は、最も短い時で
「3〜5分」です。

　以上を根拠にして、ここでは1時間に**30人**はさばけるもの
とします。

　モデルをまとめて、数字を入れて算出しましょう。

全国のカフェのコーヒー豆の市場規模（円／年）
＝（スタバ）1店舗の1時間でさばけるお客数［人／（店・時間）］
× 平均客単価（円／人）
× コーヒー豆を使う飲み物の割合（%）
× 店舗数（店）× 1日の営業時間（時間／日）
× 年間日数（日／年）× 原価率（%）
÷ スタバのシェア率（%）

＝ 30［人／（店・時間）］× 700（円／人）× 0.8 × 2,000（店）
× 15（時間／日）× 400（日／年）× 0.1 ÷ 0.2
＝ 100,800,000,000（円／年）
＝ 1,008 億（円／年）

年間1,008億円と計算できました。

「⑥結果とプロセスの検証・提示」に移りましょう。

令和3年に出された厚生労働省のレポートを見ると、喫茶店業界の市場規模は1.02〜1.28兆円で1兆円程度とありました。原価率10％とすると、全国のカフェのコーヒー豆の市場規模は約1,000億円ですので、今回の概算はいい線をいっています。

　さてこの後は、数字の根拠を示していなかった
　　・原価率
　　・スタバのシェア率
　　・スタバの店舗数
について詳しく解説していきます。

「原価率」は10％としましたが、これは肌感覚を大事にしながら推定しました。

　スーパーなどでは500gのコーヒー豆が800円くらいで売っています。1kgで1,600円ですが、スタバはもうちょっといい豆を使っていそうなので、スタバで使っているコーヒー豆は1kgで2,000円と推定しました。

　また、家庭用の小さいコーヒーカップでつくる場合は120mℓで、その場合1杯につき10gの豆を使うと袋には書いてあります。ただし、スタバはSサイズでも2倍の240mℓですから、コーヒー豆も2倍の20gが使われているでしょう。ということは、1kgの豆はSサイズのコーヒー50杯分です。

　　　　（家庭用）10g　→　1杯・120mℓ
　　　　（スタバ）20g　→　1杯（Sサイズ）・240mℓ
　　　　　　　　　1kg　→　スタバのSサイズ50杯分

先ほど、スタバのコーヒー豆は1kgで2,000円と考えましたので、Sサイズ1杯あたりのコーヒー豆はいくらなのか計算しましょう。

$$2,000 \text{(円)} \div 50 \text{(杯)} = 40 \text{(円/杯)}$$

Sサイズは1杯400円なので、原価率は……

$$40 \text{(円/杯)} \div 400 \text{(円/杯)} = 10 \text{(\%)}$$

という計算で、10%と求められます。

続いて、「スタバのシェア率」20%の根拠です。

昔ながらの喫茶店もたくさんありますので、チェーン店が占める割合は多くても50%ぐらいでしょうか。さらに、スタバはトップシェアですからチェーン店の中でのシェア率は40%ぐらいだと考えます。ということで、喫茶店の中で50%、チェーン店の中で40%を占めているので、

$$0.5 \times 0.4 = 0.2 \text{(}= 20\%\text{)}$$

より、スタバのシェア率はカフェ全体の20%と考えました。

最後に「スタバの店舗数」の出し方です。

最終的に2,000店としましたが、これが圧倒的に難しいです。需要側から出す方法もありますが、今回はあえて、供給側から考えてみました。

拠り所にしたのは、「どこに行っても急行が停まる駅にスタバは必ずあるな」という具体的なイメージです。もちろん商業施設などにもよく入っていますが、それらもひっくるめて「スタバの店舗数は全国の駅の数の30％」という大胆な仮説を立てました。

スタバの店舗数 ＝ 全国の駅の数 × 30％

　しかし、「全国の駅の数」がわかりません。そこで次のように考えます。

$$全国の駅の数 ＝ \frac{東京都の駅の数 × 全国の人口}{東京都の人口}$$

　まだ数字が入りません。全国の人口1.2億人、東京都の人口1200万人はいいとして、「東京都の駅の数」はどうやって求めるんだ、という話になります。

　再び肌感覚を使います。都内では平均して、徒歩500ｍ圏内には駅があるイメージです。半径500m（＝0.5km）の円の面積を求めてみると

0.5 × 0.5 × 3.14 ≒ 0.8（km²）

なので、0.8km²ごとに駅が1つあると考えられます。この数字を使うと次のように計算できるはずですね。

216

$$東京都の駅の数（駅）= \frac{東京都の面積（km^2）}{0.8（km^2/駅）}$$

PART IV ― 数学的センスを磨く「フェルミ推定トレーニング」

　最後に残った「東京都の面積」ですが、ここでまた行き詰まります。結局どうしたかというと、私は「東京都の面積」は「山手線の円の面積×7」に相当すると考えました。

「×7」にしたのは、東京都の地図を思い浮かべたとき、中心に山手線の円があって、そのまわりに同じ円を6個描くとだいたい東京が全部含まれるかなあと考えたからです（下の図参照）。実際の東京都は横に長いのですが、いずれにしてもまあ7個ぐらいかなと。

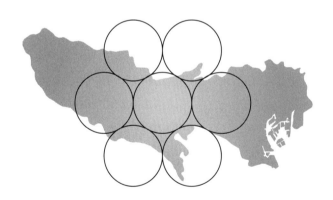

　山手線の面積を出さなければいけないですよね。思い出すのは「山手線は1周60分」という知識です。1駅2分だから30駅あります。だいたい駅と駅の間隔は1kmぐらいですから、

山手線1周は30kmとしていいでしょう。

「円周＝直径×円周率」ですから、円周の30kmを円周率の3.14で割ると直径が約10km（半径5km）と出ます。
　つまり、山手線の円の面積は……

$$5\,(\mathrm{km}) \times 5\,(\mathrm{km}) \times 3.14 \fallingdotseq 80\,(\mathrm{km}^2)$$

です。東京都の面積はこの7倍と考えているので……

$$東京都の面積 = 80\,(\mathrm{km}^2) \times 7 = 560\,(\mathrm{km}^2)$$

とわかります。これでやっと……

$$東京都の駅の数\,(駅) = \frac{東京都の面積\,(\mathrm{km}^2)}{0.8\,(\mathrm{km}^2/\,駅)}$$

$$= \frac{560\,(\mathrm{km}^2)}{0.8\,(\mathrm{km}^2/\,駅)}$$

$$= 700\,(駅)$$

と求められました。

最後にまとめて、全国のスタバの数を推定します。

スタバの店舗数 (店)
＝全国の駅の数 × 30%

$$= 東京都の駅の数 \times \frac{全国の人口}{東京都の人口} \times 30\%$$

$$= 700 \times \frac{1 億 2000 万}{1,200 万} \times 30\%$$

$$= 2,100 (店)$$

後で調べみてたところ、東京都の駅の数は 719 個でした。また、スタバの店舗数は 2023 年 4 月現在で 1,800 店です。どちらもいい近似値になり、思わずガッツポーズをしました(笑)。

PART Ⅳ 数学的センスを磨く「フェルミ推定トレーニング」

おわりに

　数学が苦手な方の多くは、直感が働かないものを敬遠する傾向があるようです。スタート地点に立ったとき、ゴールが見えないと（あるいは過去に経験がないと）なかなか踏み出そうとしません。

　しかし、数学的センスを発揮して論理的に考えることができる人は、たとえ出口が見えなくても、自分を信じてまずは一歩を踏み出す度胸——私はこれを「**論理勇気**」と呼んでいます——があります。

　本書で紹介したフェルミ推定の例題はどれも「出口の見えない」問題です。しかし、情報を整理し、さまざまな視点からの具体的なイメージによって問題を細かく分解すれば、モデルができあがり、徐々に出口が見えてきましたね。
　雲をつかむように思えた問題の答えにだんだんとピントが合っていく感覚を味わえたのではないでしょうか。

　「論理勇気」を持つために一番大事なことは、成功

体験を持つことです。数学的センスを使って答えにたどり着けた経験は、未知の問題に挑む者の背中を押してくれます。本書に収めたフェルミ推定の例題が、そんな成功体験になることを願ってやみません。

「フェルミ推定」という言葉が生まれるずっと前から、人類は「見積もる」ということをしてきました。ちなみに人類最古の「フェルミ推定」の記録を残したのは、ニュートンやガウスと並んで「世界三大数学者」の一人に数えられる、古代ギリシアのアルキメデス（前287頃〜前212頃）です。

彼は『砂粒を数えるもの』という著作の中で、なんと「全宇宙を埋め尽くす砂粒の数」を見積もっています。

アルキメデスはまず、砂粒をいくつ並べれば、ケシの実の直径に等しくなるかを考えました。次に、「ケシの実をいくつ並べれば1本の指の幅と等しくなるか」→「指をいくつ並べれば1スタディオン（当時の長さの単位＝約180 m）に等しくなるか」→「地球の1周は何スタディオンか」→……と問題の「分解」を進めています。

最終的には宇宙全体を球に見立てて、その半径は地

球と太陽の距離の1,000万倍未満だと仮定し、全宇宙を埋め尽くす砂粒の数は10^{63}個（1の後に0が63個続く数）を超えない程度と結論しました。

　ちなみに、現在の研究では全宇宙の素粒子の数は10^{80}個程度と推定されています（砂粒の大きさは原子の大きさの10^{14}倍程度）。

　もうお気づきだとは思いますが、アルキメデスの方法は、本書で紹介した方法とまったく同じです。

　2300年前のアルキメデスの「フェルミ推定」に、数学的センスを使えばどんなに途方もない問題でも答えを出すことができるのだ、というエールを感じるのは私だけでしょうか？

　つい最近（2023年の3月末）、米投資銀行のゴールドマン・サックスが人工知能（AI）によって3億人分のフルタイムの仕事が取って代わられる可能性がある、というショッキングな報告書を発表しました。2045年にはAIが人間の知能を超える「シンギュラリティ」を迎える、という試算もあります。

　もしかしたら人間の尊厳が、存在価値が脅かされる時代がすぐそこまで来ているのかもしれません。
　でも、本当にそうでしょうか？

かのパスカル（1623 ～ 1662）がパンセに書いた「人間は考える葦である」の言葉を思い出してください。

人間は自然界における最も弱い存在かもしれない。しかし、同時に最も優れた存在でもある。それは人間が自分自身や宇宙や神について考えることができるからだ……というパスカルのメッセージは、第四次産業革命が進行中の今こそ深く味わえると私は思うのです。

数学的センスは「考える」エンジンになります。どんなに時代が変わっても、どんなに技術が進んだとしても、考える人間の価値は決して揺らぐことがないと信じて、筆をおきます。

本書をお読みいただき、ありがとうございました。

2023 年 4 月

永野裕之

【著者紹介】

永野　裕之（ながの・ひろゆき）

●──永野数学塾塾長。東京大学理学部地球惑星物理学科卒業。同大学院宇宙科学研究所（現JAXA）中退。高校時代には広中平祐氏主催の「数理の翼セミナー」に東京都代表として参加。

●──レストラン（オーベルジュ）経営、ウィーン国立音楽大学（指揮科）への留学を経て、現在はオンライン個別指導塾・永野数学塾（大人の数学塾）の塾長を務める。

●──メディアからの取材も多く、これまでにNHK Eテレ「テストの花道」、ABEMA TV「ABEMA Prime」、東京FM「Blue Ocean」等に出演。

●──著書に『とてつもない数学』（ダイヤモンド社）、『ふたたびの高校数学』（すばる舎）、『中学生からの数学「超」入門』（筑摩書房）、『教養としての「数学I・A」』（NHK出版）などがある。

「数学的センス」を磨く　フェルミ推定

2023年5月22日　　第1刷発行
2023年7月7日　　　第2刷発行

著　者──永野　裕之
発行者──齊藤　龍男
発行所──株式会社かんき出版

東京都千代田区麹町4-1-4 西脇ビル　〒102-0083
電話　営業部：03(3262)8011代　編集部：03(3262)8012代
FAX　03(3234)4421　　　　　振替　00100-2-62304
http://www.kankipub.co.jp/

印刷所──図書印刷株式会社